轻型汽车国六标准实施要点研究

丁 焰　尹 航　陈大为　主编

中国环境出版集团·北京

图书在版编目（CIP）数据

轻型汽车国六标准实施要点研究/丁焰，尹航，陈大为主编.
—北京：中国环境出版集团，2021.2
ISBN 978-7-5111-4496-6

Ⅰ．①轻…　Ⅱ．①丁…②尹…③陈…　Ⅲ．①汽车排气
污染—污染防治—环境标准—研究—中国　Ⅳ．①X734.201-65

中国版本图书馆 CIP 数据核字（2020）第 220579 号

出 版 人　武德凯
责任编辑　殷玉婷
责任校对　任　丽
封面设计　艺友品牌

出版发行　中国环境出版集团
　　　　　（100062　北京市东城区广渠门内大街 16 号）
　　　　　网　　　址：http://www.cesp.com.cn
　　　　　电子邮箱：bjgl@cesp.com.cn
　　　　　联系电话：010-67112765（编辑管理部）
　　　　　发行热线：010-67125803，010-67113405（传真）
印　　刷　北京建宏印刷有限公司
经　　销　各地新华书店
版　　次　2021 年 2 月第 1 版
印　　次　2021 年 2 月第 1 次印刷
开　　本　787×1092　1/16
印　　张　12
字　　数　220 千字
定　　价　50.00 元

编委会

主　编：丁　焰　尹　航　陈大为

编　委：王军方　张海燕　钱立运　赵海光

　　　　肖　寒　白　涛　王宏丽　田　苗

　　　　彭　頔

英文缩写和释义

AECD　辅助排放控制装置

AES　辅助排放策略

BES　基本排放策略

BSCM　制动系统控制模块

CAL ID　软件标定识别码

CARB　加利福尼亚州空气资源委员会

CD　电量消耗模式

CO　一氧化碳

COBD　汽油车

CS　电量保持模式

CVN　软件标定验证码

CVS　定容稀释取样系统

DMCM　驱动电机控制模块

DTC　故障诊断代码

EACM　排气后处理系统控制模块

ECM　发动机控制模块

ECT　冷却液温度传感器

ECU　发动机电子控制单元

EGR　废气再循环

GHG　机动车温室气体

HC　碳氢化合物

ICCT　国际清洁交通委员会

IUPR　在用监测频率

NIRCO　非整体仅控制加油排放炭罐系统

NMHC　非甲烷碳氢化合物

NOVC-HEV　不可外接充电的混合动力电动汽车

NO$_x$　氮氧化物

OBD　车载诊断系统

OEM　原始设备制造商

ORVR　车载油气回收

OVC-HEV　可外接充电的混合动力电动汽车

PCV　曲轴箱通风系统

PEMS　便携式排放测试系统

PM　颗粒物

PN　颗粒物数量

PVE　量产车辆评估测试

RDE　实际行驶污染物排放

REESS　车辆车载可充电系统

RPA　相对正加速度

RVP　燃油雷德蒸气压

SAE　美国汽车工程师学会

TCM　传动系统控制模块

THC　总碳氢化合物

VOCs　挥发性有机物

VVT　可变正时气门

WLTC　全球轻型汽车测试循环

WLTP　全球技术法规轻型车测试程序

前　言

城市大气污染防治既是重大民生问题，也是经济升级转型的重要抓手。2019 年我国机动车保有量已达到 3.48 亿辆，四项污染物［一氧化碳（CO）、总碳氢化合物（THC）、氮氧化物（NO_x）、颗粒物（PM）］的年排放总量达到 1 603 万 t，尾气污染问题日益突出。由于机动车大多行驶在人口密集区域，尾气排放直接影响人民群众的身体健康。制定和实施严格的新车排放标准，从源头上对机动车排放进行控制，实现新生产机动车排放水平的大幅下降，是改善城市环境空气质量的关键举措。

为贯彻落实《中华人民共和国环境保护法》和《中华人民共和国大气污染防治法》，保护和改善生态环境，2016 年 12 月 23 日，环境保护部联合国家质量监督检验检疫总局发布了《轻型汽车污染物排放限值及测量方法（中国第六阶段）》（GB 18352.6—2016）。总体来看，从我国 1999 年 7 月发布轻型汽车国一排放标准至国六排放标准这十余年间，轻型汽车单车 CO 排放水平下降了 80%以上，THC+NO_x 排放水平下降 90%以上。排放法规的升级对新生产机动车减排起到了至关重要的作用。

轻型汽车国六排放标准以控制 PM、NO_x 和 VOCs 排放为重点，改善环境空气质量需求为目标，基于燃料中立原则，在考虑污染控制技术经济性和实用性的前提下，全面加严了各项污染物的排放限值，并且补充增加了实际道路排放（RDE）、车载诊断系统（OBD）以及燃油蒸发等方面的控制要求。标准编制过程中摒弃了原来完全沿用欧洲排放标准的做法，通过吸收融合不同国家排放法规的先进经验，形成了一个全新的自主技术标准，为提升国内企业及相关零部件行业的竞争力、打造汽车强国迈出了关键一步。

轻型汽车国六标准由于限值要求严格、技术内容复杂，对所有汽车生产、进口企业都带来了新的挑战。本书从轻型汽车国六排放标准实施应对角度出发，对车辆环保信息公开、型式检验流程、量产车评估、CAL ID 和 CVN 管理、生产一致性和在用符合性等内容进行了详细解读。希望通过此书更加有效地帮助相关企业解决国六排放标准实施中的疑难问题，切实提高企业新生产机动车排放达标水平、加强企业合法合规经营意识、提升标准实施的精准性和有效性，为进一步提升我国机动车排放控制水平提供有力的支撑。

目　录

第1章　概述

王军方　赵海光

当前，我国移动源污染问题日益突出。特别是北京、上海、深圳等大中型城市，移动源已经成为细颗粒物（$PM_{2.5}$）污染的重要来源。在重污染天气期间，细颗粒物污染的贡献率会更高。同时，由于机动车大多行驶在人口密集区域，尾气排放直接威胁人民群众身体健康。

机动车排放污染物的途径主要有三个：排气污染物、蒸发污染物和曲轴箱排放物。其中排气污染物即通常所称的"尾气"，主要指由于不完全燃烧从发动机排气管排出的废气，主要有一氧化碳（CO）、总碳氢化合物（THC）、氮氧化物（NO_x）、颗粒物（PM）等；蒸发污染物指燃油蒸气从油箱、燃料供给系统、润滑系统逸出而产生的有害油气——挥发性有机物（VOCs），以及车内装饰和汽车涂料产生的溶剂蒸气等。蒸发污染物也包括曲轴箱通风孔溢出的有机物等有害物质（也称曲轴箱排放物）。

机动车污染物排放是城市大气污染物的重要排放源之一。为减少污染物排放总量，尽快解决城市日趋严峻的空气污染问题，我国从 1999 年 7 月发布国一排放标准《轻型汽车污染物排放限值及测量方法（Ⅰ）》（GB 18352.1—2001）到 2016 年 12 月发布《轻型汽车污染物排放限值及测量方法（中国第六阶段）》（GB 18352.6—2016）（以下简称国六标准）这十余年间，单台车的 CO 排放量共下降了 80%以上；THC+NO_x 排放量共下降了 90%以上。我国制定的法规推进政策和污染控制技术升级对此功不可没。

回顾每一次法规升级：国二阶段相较国一阶段 CO 加严了 18.4%，THC+NO_x 限值加严了 48.5%；在国三、国四和国五阶段对汽油车的 CO 排放限值进行了区分，取消了 THC+NO_x 排放要求，单独控制 THC 和 NO_x 排放，国五阶段增加了限制非甲烷碳氢化合物（NMHC）污染物的种类要求。国三～国五阶段，CO 限值加严了 56.5%，THC 和 NO_x 的排放限值分别加严了 50%和 46.7%；而将于 2023 年 7 月 1 日在全国实施的国六 b 阶段，其 CO、THC 和 NMHC 相较国五阶段均再次加严了近 50%，NO_x 加严了 42%，PM 加严了 33%，并提出了对颗粒物数量（PN）浓度的限值要求。无论国六 a 阶段还是国六 b 阶段的颗粒物数量浓度

限值均为 6.0×10^{11} 个/km。考虑到国六标准提前实施情况，对 2020 年 7 月 1 日前实施过渡期要求（PN 过渡期限值为 6.0×10^{12} 个/km）。各排放阶段不同污染物限值变化见图 1-1。

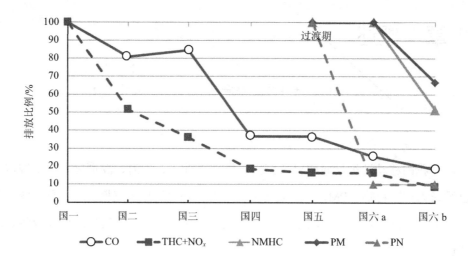

图 1-1　轻型汽油车污染物排放限值变化

每一次排放标准的升级、排放限值的加严不仅表明我国机动车管理水平的进步，也是排放污染控制技术取得重大突破的体现。

回顾标准制定，展望未来实施，国六标准充分体现了当前最新技术进展和排放控制要求，并积极参考借鉴欧美排放控制的先进理念和经验，兼顾我国的环境质量改善需求，形成了一个全新的自主技术标准，为提升国内企业及相关零部件行业的竞争力、打造汽车强国迈出了关键一步。

1.1　国六标准编制过程

环境保护部（现生态环境部）在《关于开展 2015 年度国家环境保护标准项目实施工作的通知》（环办函〔2015〕329 号）中，下达了《轻型汽车污染物排放限值及测量方法（中国第六阶段）》（GB 18352.6—2016）的制定任务，中国环境科学研究院是标准制定项目的承担单位，协作单位有中国汽车技术研究中心、厦门市环境保护机动车污染控制技术中心、北京市机动车排放管理中心、北京理工大学。

国六标准编制组于 2014 年 12 月开始了标准的前期调研和分析工作。2015 年 1—6 月，着手跟踪了国外排放法规的最新进展，尤其是欧 VIc 法规的制定情况，翻译相关资料，研究了美国、欧洲轻型车排放法规及标准。多次组织欧盟以及美国标准制定相关专家进行技术交流，深入了解美国和欧洲排放标准制定的背景和原则。与国外研究机构和汽车生产企业进行了广泛的技术交流。

2015 年 6 月，标准编制单位与 40 余家汽车企业合作共同成立了国六标准工作组，分成 5 个专题工作组开展工作，论证委员会通过了国六标准的开题论证，并提出国六标准要符合中国国情，注重车载诊断系统（OBD）技术应用中的可操作性，研究制定高原地区排放限值或排放控制策略的必要性和可行性，细化基准燃料等建议。

2015 年 7 月召开了测试设备及技术、基准燃料、燃油蒸发、工况及限值、车载诊断系统（OBD）五个工作组启动会。建立了工作组工作机制，对工作内容、工作任务以及完成时间进行了布置分配。

2015 年 8 月召开了"轻型车燃油蒸发/加油排放测试程序专题研讨会"，邀请国际专家介绍轻型车燃油蒸发和加油排放控制要求以及测试程序要点，结合检验机构现场介绍了 48 h 高温昼间及热浸排放测试程序和加油排放测试程序；介绍了基准燃料监督管理办法，讨论了基准汽油中的蒸气压、馏程、烯烃含量、芳烃含量、密度和诱导期等技术指标，对基准柴油中密度、多环芳烃含量、润滑性和馏程等指标提出了建议。8 月 27 日召开了第二次工作会议，工况组根据现有设备情况采用不同采样方法研究了全球轻型汽车测试循环（WLTC）工况的试验方法，调整了分析设备，并对汇总试验结果进行了分析；快速老化试验及贵金属试验组介绍了标准台架循环（SBC）和贵金属设备调研结果及计划；车载法组介绍了车载法设备的调研情况和实际道路排放（RDE）的试验研究方案。

2015 年 9 月召开了工况及限值组第二次工作组会议，主要讨论常温排放、RDE 验证试验、排放污染装置的耐久性、低温排放指标和限值设定、海拔高度对排放的影响五个方面。会上分解了工作内容，布置了责任单位收集国五车型低温冷启动排放数据、落实试验车辆及相关试验计划。OBD 组第二次工作会议，汇报了前次会后事项进展，介绍了汽油车 COBD 检测项目第二版草案，主要讨论了关于 OBD 监测项目、COBD 监测项目检测方法、限值建议表、技术课题等五个方面。燃油蒸发组第三次工作会议讨论了标准初稿、样车准备情况，邀请加油设备生产厂商进行技术交流。要求各核心成员提供样车类型及反馈样车试验的检验机构信息，生态环境部机动车排污监控中心（VECC）、北京汽车集团根据讨论情况修改标准初稿，编写国六蒸发排放试验流程手册，编写摸底测试计划初稿，验证高温浸车的可实施性、必要性。工况及限值组第三次工作组会议对常温排放、RDE 的验证试验、排放污染装置的耐久性、海拔高度对排放的影响这四个方面进行了讨论。会上要求落实摸底试验车型及试验计划，开展耐久里程的研究和国五车型排放数据的收集工作，下次会议邀请专家进行RDE工况对整车开发的挑战方面的技术交流。测试设备及技术组第三次工作会议对四个分组上阶段工作内容与遇到的问题进行了讨论，布置下一步工作计划。在基准燃料组第三次工作会议上，相关责任单位汇报了市售油品现状、基准燃料技术指标相关数据依据及支持文献；初步确定国六排放基准燃料和Ⅵ型试验（低温试验）用基准汽油的技术指标；再次讨论及确认了汽油、柴油技术指标（讨论基准汽油的蒸气压、烯烃含量和芳烃含量等技术指标，确认基准柴油密度、馏程等技术指标）。

2015年10月召开了基准燃料组第四次工作会议，再次确认国六排放基准燃料、Ⅵ型试验（低温试验）、高海拔试验基准汽油的技术指标；讨论了基准汽油T10、烯烃含量、芳烃含量，以及基准柴油密度、多环芳烃等技术指标。10月28日召开了OBD组第三次工作会议，汇报了前次工作会后事项进展，介绍了汽油车OBD检测项目检测方法及限值建议稿，邀请专家介绍了柴油车OBD监测项目建议稿，各个技术课题责任单位介绍了课题进展。针对OBD标准文本、OBD标准研究课题等达成一致意见。督促尽快完成OBD标准文本的草稿。10月29日测试设备及技术组第四次工作会议介绍了轻型车国六验证方案，强调下一步要开展检验机构能力确认，讨论了非常规污染物的检测、车辆道路负荷数据。

2015年11月召开了燃油蒸发组第四次工作组会议，讨论了上次修改标准稿的内容、各企业对标准的意见，要求各成员研读修订后的标准初稿并反馈意见，验证高温浸车的可实施性、必要性。工况及限值组第四次工作组会议，邀请专家介绍RDE工况，就RDE对于整车开发的挑战进行交流，分常温排放、RDE验证试验、排放污染装置的耐久性、海拔高度对排放的影响四个方面进行讨论。会上要求落实摸底试验车型及试验计划，未反馈重点问题意见的单位尽快反馈，收集高海拔试验数据。

2016年1月召开了基准燃料组第五次工作会议，会上对基准燃料编制说明中基准汽油馏程和基准柴油密度等部分进行了修改；对基准燃料的管理办法进行了讨论；对基准燃料技术指标验证试验提出具体建议。燃油蒸发组第五次工作组会议，主要针对标准文本近期的修改情况进行了通报和讨论，各核心单位对正在开展的国五样车摸底试验的进展情况进行了通报，确认了各单位提交试验数据的时间。在OBD组第四次工作会议上介绍了国六OBD草稿内容并通报了前次决议事项进展情况。专家介绍了国六OBD草案的主要监测项目及其要求，并介绍了各课题的工作进展与后期安排。

2016年3月编制组与欧洲汽车工业协会共同举办了轻型车国六排放标准研讨会，会议主要针对国六标准的重要技术议题（如RDE、WLTP、OBD、ORVR）进行了深入讨论，对标准的分步实施以及技术挑战进行了探讨。3 月 22 日召开了燃油蒸发组第六次会议，会议主要针对燃油蒸发及加油污染物排放标准文本的内容和修改情况进行了介绍，各单位提出对标准的意见并进行了讨论。3 月 23 日召开了 OBD 工作组第六次会议，会上邀请了通用汽车公司（GM）的专家对国六 OBD 文本进行研讨。

自 2015 年 7 月以来，国六工作组共组织召开了测试设备及技术、基准燃料、燃油蒸发、工况及限值五个工作组的 40 余次工作会议。经过与会专家的多次讨论，在此基础上形成了国六标准文本草案，并于 2015 年 12 月发布。工作组还完成了《轻型汽车污染物排放限值及测量方法（中国第六阶段）》的起草、论证工作，召开了多次交流讨论会，对各方面提出的意见进行了认真分析和研究，几易其稿，于 2016 年 5 月形成了征求意见稿。共征求单位 151 家，其中回函单位 94 家，提出意见单位 68 家，提出意见共 2 334 条。标准编制组对意见讨论处理后，形成送审稿。

2016 年 6 月 27 日，环境保护部大气环境管理司组织召开了标准审议会。评审专家在审议会上讨论了标准编制组提出需要确定的几个问题，并给出了意见。编制组在审议会后根据专家意见补充了相关内容，同时也按照专家要求，对标准文本进行了修改与完善。

2016 年 12 月 23 日，环境保护部发布了《轻型汽车污染物排放限值及测量方法（中国第六阶段）》（GB 18352.6—2016）。该标准规定，自 2020 年 7 月 1 日起所有销售和注册登记的轻型汽车应符合该标准要求。

2018 年 6 月 27 日，国务院正式印发了《打赢蓝天保卫战三年行动计划》，要求自 2019 年 7 月 1 日起，重点区域（京津冀及周边地区、长三角地区、汾渭平原）、珠三角地区、成渝地区提前实施国六排放标准。实施过渡期 PN 限值为 6.0×10^{12} 个/km。2020 年 7 月 1 日后 PN 限值执行 6.0×10^{11} 个/km。

国六标准前期调查研究工作共分析汇总了 8 600 种国五车型排放数据，调查了 50 万辆轻型车的行驶里程情况，并从以往跟随欧美机动车排放标准转变为大胆创新，首次实现引领世界的标准制定。国六标准相比国五标准和欧 VIc 排放标准限值加严了 50% 以上，基本相当于美国 Tier3 排放标准中规定的 2020 年平均限值。考虑到测试程序和测试循环的改进，以及实际行驶污染物排放（RDE）试验和颗粒物数量（PN）浓度等限值的引入。结合标准中对高海拔排放控制、冷启动排放控制、蒸发排放控制、车载诊断系统（OBD）、车载油气回收（ORVR）等功能的全面升级，国六标准堪称目前世界上最严格的排放标准之一。

1.2　国六标准的必要性

在《中华人民共和国国民经济和社会发展第十二个五年规划纲要》中，明确把氮氧化物列为"十二五"四项污染物减排约束性指标之一，机动车已成为"十二五"氮氧化物总量减排工作的重要组成部分。

《关于印发国家环境保护"十二五"规划的通知》（国发〔2011〕42号）要求：开展机动车船氮氧化物控制，提高机动车环境准入要求，加强生产一致性检查，禁止不符合排放标准的车辆生产、销售和注册登记，鼓励使用新能源车，全面实施国家第四阶段机动车排放标准，在有条件的地区实施更严格的排放标准。

《国务院办公厅转发环境保护部等部门关于推进大气污染联防联控工作改善区域空气质量的指导意见的通知》（国办发〔2010〕33号）中，提出了进一步加强机动车污染防治的要求：提高机动车排放水平。严格实施国家机动车排放标准，完善新生产机动车环保型式核准制度，禁止不符合国家机动车排放标准车辆的生产、销售和注册登记。

国务院批复同意实施的《重点区域大气污染防治"十二五"规划》（环发〔2012〕130号）要求：加快新车排放标准实施进程。实施国家第四阶段机动车排放标准，适时颁布实施国家第五阶段机动车排放标准，鼓励有条件的地区提前实施下一阶段机动车排放标准。

《中华人民共和国国民经济和社会发展第十三个五年规划纲要》中提出：深入实施污染防治行动计划，构建机动车船和燃料油环保达标监管体系。加快淘汰黄标车和老旧车辆，实施国五排放标准和相应油品标准。

1.3　国六标准的主要改进

虽然轻型汽车排放标准的不断加严，促进了我国汽车产业污染物排放的大幅度降低，但在国六标准实施之前的过程中也发现，一直等效采用欧洲排放标准存在一定的问题，而国六排放标准正是有针对性地对上述问题和不足进行了弥补和改进。

1.3.1　蒸发排放控制不够严格

随着对尾气控制的不断加严，汽油车的燃油蒸发排放不容忽视。我国轻型汽油车自2000年实施国一阶段排放标准以来，采用了欧洲轻型车燃油蒸发控制的要求，要求所有轻型汽油车都应该配置燃油蒸发控制系统。虽然排放阶段不断加严，但欧洲对燃油蒸发方面的控制并没有明显的进步。经过调研发现，我国汽车普遍存在管路泄漏、电磁阀失效、活性炭量偏小、容易老化等问题，由此导致了燃油蒸发系统控制效果降低甚至失去控制效果。

对中国和欧洲车型与美国的车型进行燃油蒸发的对比发现：欧洲和中国目前有限的蒸发排放标准，导致车辆的炭罐功能降低，加油时 VOCs 自由地从车辆排出，低速行驶时，脱附能力很低（在某些情况下为零）、相对大的渗透和泄漏以及相对高的汽车油箱温度造成蒸发排放超过 8 800 g/（车·a）。而美国在用车的蒸发排放为 500 g/（车·a），原因是美国车辆都装备较大的炭罐体积、ORVR，低速行驶也有有效的脱附功能、低渗透和低泄漏，以及行驶损失排放接近零。因此我国的轻型汽车国家第六阶段排放标准应加强对汽油车燃油蒸发的控制，通过加严排放标准，促进 ORVR 系统的使用。

1.3.2　OBD 监测项目较少

我国排放标准一直等效采用欧洲标准，但与美国 OBD II 相比，欧洲车载诊断系统（EOBD）监测项目较少（表 1-1），对与排放密切相关的蒸发排放泄漏、燃料系统、冷启动策略、曲轴箱强制通风系统（PCV）等项目并未监测，欧Ⅵ排放标准正在考虑加强 EOBD 的监测和监控能力。韩国环保部门借鉴了欧洲和美国关于 OBD 的规定和经验，规定的内容介于两者之间。目前我国车辆排放水平尤其是在用环节排放较差，因此应在轻型汽车国六排放标准中加强 OBD 监测和监控功能的要求，各地关于 OBD 的规定见表 1-1。

表 1-1　各地关于 OBD 的规定

监测项目	美国（加利福尼亚州）	韩国	欧盟
1. 催化剂	与 OBD 阈值相关的 NMOG 和 NO_x 转化效率	与 OBD 阈值相关的 NMOG 和 NO_x 转化效率	与 OBD 阈值相关的 NMOG 和 NO_x 转化效率
2. 加热的催化剂监测	与 OBD 阈值相关的加热状态监测		与 OBD 阈值相关的加热状态监测
3. 失火监测	（1）失火导致的下列现象监测：①催化剂损坏，②排放过高；（2）与 OBD 阈值相关的整个转速或负荷范围监测	（1）失火导致的下列现象监测：①催化剂损坏，②排放过高；（2）与 OBD 阈值相关的整个转速或负荷范围监测	欧Ⅵb 标准要求监测大部分转速和负荷范围
4. 燃油蒸发系统监测	（1）检查蒸发系统脱附流量；（2）检测蒸发系统 0.5 mm 和 1.0 mm 的泄漏	（1）检查蒸发系统脱附流量；（2）检测蒸发系统 1.0 mm 的泄漏	要求监测脱附阀的电路连续性
5. 二次空气喷射系统监测	（1）空气供给系统的功能监测；（2）OBD 阈值监测	（1）空气供给系统的功能监测；（2）OBD 阈值监测	（1）企业提交的监测要求和故障标准等监测方案；（2）监测信号的不合理性和控制有效性；（3）无须额外增加硬件

监测项目	美国（加利福尼亚州）	韩国	欧盟
6. 燃油系统监测	OBD 阈值监测 加利福尼亚州空气资源委员会（CARB）同样要求与排放相关的空气或燃油系统监视（AFIM）	OBD 阈值监测	（1）企业提交的监测要求和故障标准等监测方案； （2）监测信号的不合理性和控制有效性； （3）无须额外增加硬件
7. 排气氧传感器监测	（1）前级和后级氧传感器监测和排放限值相关性能监测； （2）功能监测（电压、幅值）； （3）传感器加热功能监测	（1）前级和后级氧传感器监测和排放限值相关性能监测； （2）功能监测（电压、幅值）； （3）传感器加热功能监测	OBD 阈值监测
8. 废气再循环（EGR）系统监测	OBD 阈值和功能监测包括：输出电压、活动情况、相应速率和可能影响排放的其他参数监测	OBD 阈值和功能监测包括：输出电压、活动情况、相应速率和可能影响排放的其他参数监测	（1）企业提交的监测要求和故障标准等监测方案； （2）监测信号的不合理性和控制有效性； （3）无须额外增加硬件
9. 曲轴箱通风系统（PCV）监测	主要间接零部件之间连接的监测	主要间接零部件之间连接的监测	
10. 发动机冷却系统监测	节温器功能监测 冷却液温度传感器（ECT）电路的连续性、输出电压范围的合理性监测	节温器功能监测 冷却液温度传感器（ECT）电路的连续性、输出电压范围的合理性监测	温度传感器电路的连续性监测，但是不需要监测节温器
11. 冷启动排放控制策略监测	当控制策略起作用时，监测相关零部件，如发动机怠速控制、点火延迟等功能	当控制策略起作用时，监测相关零部件，如发动机怠速控制、点火延迟等功能	
12. 空调系统零部件监测	非怠速工况喷油和点火控制策略下的 OBD 阈值监测	非怠速工况喷油和点火控制策略下的 OBD 阈值监测	
13. 可变正时气门（VVT）系统监测	与 OBD 阈值相关的目标错误或响应迟滞监测	与 OBD 阈值相关的目标错误或响应迟滞监测	（1）企业提交的监测要求和故障标准等监测方案； （2）监测信号的不合理性和控制有效性； （3）无须额外增加硬件
14. 直接臭氧降低系统（DOR）监测	参见 NMOG 转换效率监测		
15. 综合系统零部件监测	（1）与 ECU 相关、可能影响排放的电控动力传动系统零部件功能和故障监测； （2）对可能导致排放上升的零部件故障诊断； （3）上述零部件可以由制造商确定，并得到认证机关的认可	（1）与 ECU 相关、可能影响排放的电控动力传动系统零部件功能和故障监测； （2）对可能导致排放上升的零部件故障诊断； （3）上述零部件可以由制造商确定，并得到认证机关的认可	要求诊断是否有可能导致排放超过限值的故障模式
16. 其他排放控制系统监测	对其他排放控制系统，制造商应当在车辆销售前向认证机关提交一个计划供认证机关审查，计划中应该包括监测策略、故障限值和监测条件等		要求诊断任何超过 OBD 阈值的故障模式

1.3.3 缺少高海拔排放控制要求

高海拔地区内燃机燃烧状况差，这对内燃机本身提出了更高的要求。由于机动车排放水平与其控制策略和控制装置密切相关，因此对于高海拔地区车辆的排放问题，应该在新车标准里进行规定，增加高海拔区域特殊要求。欧洲地区高海拔地区较少，因此欧洲法规中并不要求企业进行高海拔地区的排放测试和发动机标定，但我国境内海拔高于 1 500 m 的省份有陕西、内蒙古、云南、贵州、重庆、甘肃、青海、宁夏和西藏 9 个省（直辖市、自治区），面积约 259 万 km^2，约占我国国土总面积的 27.02%。因此需要在排放标准中增加高海拔控制的规定。

1.3.4 缺少实际行驶工况测试

大量研究表明，车辆的实际排放与检验机构型式检验排放结果差异巨大。国际清洁交通委员会（ICCT）对 15 辆应用不同减排技术的轻型柴油车进行了实际测试，其中通过欧 VI 排放标准核准的车辆 12 辆，通过美国 Tier 2 排放标准核准的车辆 3 辆；测得的 NO_x 的实际排放量的平均值达到了欧 VI 限值的 7.1 倍之多。

随着标准排放限值的不断加严，必须减少型式检验和实际生活中排放的差异，而 RDE 是限制未来车辆真实排放的有效工具。

1.3.5 缺少温室气体排放控制要求

从全球来看，交通运输业已成为温室气体排放最重要和增长最快的领域之一。作为目前世界上最大的汽车市场，我国若对新增机动车的数量控制不严，将有可能无法实现"在 2030 年前达到碳排放峰值"的目标，因此中国亟须采取措施控制机动车温室气体（GHG）排放量。2014 年，我国 CO_2 排放总量约为 100 亿 t。若不采取强有力的措施，汽车销售的爆炸式增长和行驶里程的增加将导致交通运输部门的 GHG 排放量增长远超其他部门。因此，在国六标准中对温室气体进行规定是十分必要的。

1.4 标准编制的效益分析

据中国汽车工业协会统计，2015 年我国全年累计生产汽车 2 450.33 万辆，同比增长 3.3%，销售汽车 2 459.76 万辆，同比增长 4.7%。其中，乘用车产销分别为 2 107.94 万辆和 2 114.63 万辆，同比分别增长 5.8% 和 7.3%，连续七年为世界汽车产销第一。

2010 年以来，机动车年均增量 1 500 多万辆，驾驶人年均增量 2 000 多万人。截至 2015 年年底，全国机动车保有量达 2.79 亿辆，其中汽车 1.72 亿辆，汽车保有量的快速增加，给我国能源、环境带来巨大压力。

2014 年，全国氮氧化物排放量 2 078.0 万 t，比 2013 年减少 6.7%；全国烟（粉）尘排放量 1 740.8 万 t，比 2013 年增加 36.2%。2014 年，全国机动车四项污染物排放总量为 4 547.3 万 t，比 2013 年削减 0.5%。其中，一氧化碳（CO）3 433.7 万 t，碳氢化合物（HC）428.4 万 t，氮氧化物（NO$_x$）627.8 万 t，颗粒物（PM）57.4 万 t。全国氮氧化物及颗粒物排放情况见图 1-2 和图 1-3。

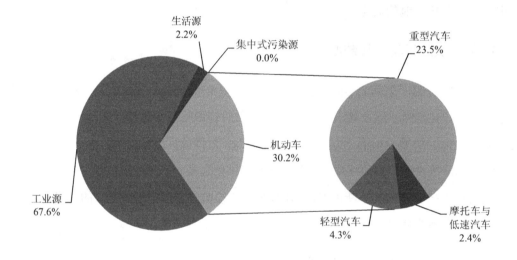

图 1-2　全国氮氧化物排放清单

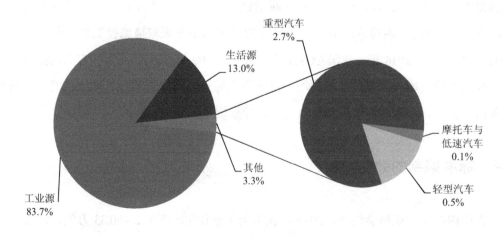

图 1-3　全国烟尘（颗粒物）排放清单

2010—2014 年全国汽车四项污染物排放总量呈持续增长态势，由 3 587.6 万 t 增加到 3 928.4 万 t，年均增长 2.3%。其中，一氧化碳（CO）排放量由 2 670.6 万 t 增加到 2 942.7 万 t，年均增长 2.5%；碳氢化合物（HC）排放量由 323.7 万 t 增加到 351.8 万 t，年均增长 2.1%；氮氧化物（NO$_x$）排放量由 536.8 万 t 增加到 578.9 万 t，年均增长 1.9%；颗粒物（PM）排放量由 56.5 万 t 降低到 55.0 万 t，年均削减 0.7%。全国汽车污染物排放量变化趋势见图 1-4。

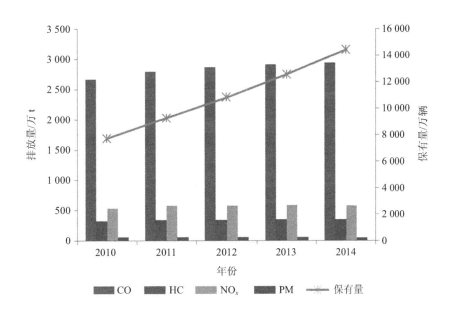

图 1-4　全国汽车污染物排放量变化趋势

从排放控制效果来讲，1980—2000 年汽车排放控制技术没有明显的进步，实施排放标准对污染物降低的作用较小。与 1980 年相比，2000 年我国汽车保有量增加 8 倍多，CO、HC、NO$_x$ 和 PM 排放量分别增加 12.3 倍、10.5 倍、6.5 倍和 5.5 倍，平均增长 8.7 倍，略高于保有量增长幅度。但从 2000 年开始汽车排放控制技术采用闭环电喷加三元催化器技术以来，又历经国二、国三、国四和国五排放阶段，单车各项污染物降低幅度都高达 90% 以上。与 2000 年相比，2014 年我国汽车保有量增长 9.0 倍，CO、HC、NO$_x$ 和 PM 排放量分别增加 39.5%、34.6%、62.5% 和 13.5%，远低于保有量增长幅度。我国汽车排放量的变化见图 1-5 和图 1-6。

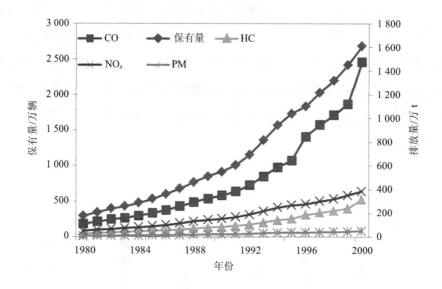

图 1-5 1980—2000 年汽车排放量

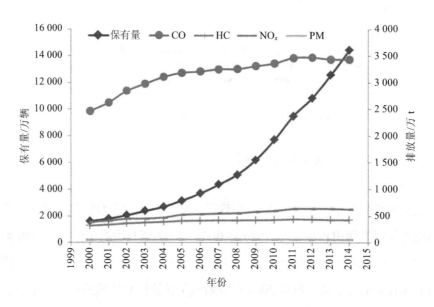

图 1-6 2000—2014 年汽车排放量

1.4.1 排放量减排效益

标准编制组采用了国际清洁交通委员会（ICCT）开发的中国排放清单模型来计算实施国六标准后的环境效益，并在分析过程中根据清华大学进行的在用车测试进行了更新。

在实施国六标准的情况下，全国和三大重点区域六项常规空气污染物的预期减排量

（绝对量和百分比）。实施国六排放标准后，所有空气污染的排放量显著下降。其中，导致 $PM_{2.5}$ 和臭氧形成的重要污染物 NO_x 和 HC 在全国范围内的排放水平分别下降 74%和84%。HC 蒸发排放的控制效果最为明显，全国范围内减排率达到 90%，这是因为在国六排放标准中专门提出了控制蒸发排放的控制策略。2030 年轻型车领域标准实施减排预期见表 1-2。

表 1-2　2030 年轻型车领域预期减排量

区域	CO	NO_x	$PM_{2.5}$	HC			BC	OC
				尾气	蒸发	总计		
减排量/10^3 t								
全国	3 396	1 001	25.92	550	3 633	4 184	5.62	2.00
京津冀地区	431	107	3.15	70.16	N/A	N/A	0.56	0.21
长三角地区	705	202	5.42	117	N/A	N/A	1.11	0.40
珠三角地区	401	172	3.59	70.86	N/A	N/A	1.04	0.33
减排百分比/%								
全国	42	74	54	59	90	84	65	34
京津冀地区	43	76	56	62	N/A	N/A	63	31
长三角地区	43	77	57	62	N/A	N/A	66	34
珠三角地区	42	79	61	63	N/A	N/A	73	43

1.4.2　空气质量影响

据统计，2015 年，$PM_{2.5}$ 全国年度人口加权浓度均值为 50.2 $\mu g/m^3$（或 16.2 $\mu g/m^3$，无人口加权）。三大主要区域中，京津冀地区的 $PM_{2.5}$ 浓度最高（68.3 $\mu g/m^3$），其次是长三角地区（65.4 $\mu g/m^3$），然后是珠三角地区（25.2 $\mu g/m^3$）。模拟结果与空气质量监测数据一致。本研究假设到 2030 年，即使在不实施国六标准的情景下，京津冀和长三角地区也将能满足国家二级空气质量标准中的 $PM_{2.5}$ 标准。全国人口加权暴露量将会降至国家二级标准以下。无论是在全国范围还是重点区域，$PM_{2.5}$ 暴露量都仍会超过一级标准。从国家二级空气质量标准达标向国家一级空气质量标准迈进则需要更为激进的政策，包括实施更严格的国六新车尾气排放标准。在实施了国六标准的情况下，到 2030 年，$PM_{2.5}$ 和臭氧浓度均会比当前情景有所下降。在全国层面上，人口加权后的年均 $PM_{2.5}$ 暴露量将会降低 1.1 $\mu g/m^3$，比 2015 年降低 3.5%。京津冀地区和长三角地区的降幅较大，但珠三角地区的降幅较小。类似地，从全国范围来看，1 小时臭氧日峰值平均浓度比当前情景降低了 3.3%。京津冀地区和长三角地区的降幅较大，但珠三角地区的降幅较小。

1.4.3 健康影响

国际清洁交通委员会（ICCT）*Cost-benefit assessment of proposed China 6 emission standard for new light-duty vehicles* 的报告中表示：到 2030 年，通过实施国六标准能够减少 $PM_{2.5}$ 和臭氧暴露量，在全国范围内避免 21 700 例以上的提早死亡和 28 500 例以上的疾病就医。标准实施的健康效益主要归功于 $PM_{2.5}$ 浓度的下降。国六标准实施带来的臭氧暴露浓度下降可减少 24% 的提早死亡和避免 14% 的疾病就医。表 1-3 提供了三大主要区域和全国由于 $PM_{2.5}$ 和臭氧减排而避免的提早死亡与疾病数量。

表 1-3　因实施国六标准而避免的健康影响

区域	避免提早死亡/例			避免就医/例		
	$PM_{2.5}$	O_3	合计	$PM_{2.5}$	O_3	合计
京津冀地区	1 761	981	2 742	7 295	717	8 012
长三角地区	1 809	595	2 404	2 160	426	2 586
珠三角地区	669	211	880	471	155	626
全国	16 386	5 368	21 754	24 559	4 000	28 559

1.4.4 经济效益

编制组将为达到国六标准导致的技术成本增幅与 2030 年一年避免提早死亡而产生的社会经济价值进行了比较。

就成本而言，如前所述，主要评估的是生产企业为了满足国六标准（征求意见稿）而进行的技术升级成本。车辆技术成本是以单车成本增幅进行计算的，技术成本增幅是从国五标准提升至满足国六标准，在用单车成本增幅乘以各自然年的车辆销售量。根据美国加利福尼亚州空气资源委员会的评估，由于技术普及和产量增加而实现的年度成本降幅在 2015—2020 年为 3%，2020—2025 年为 2%，2025—2030 年为 1%。

引用先进车辆排放技术带来的健康收益则以避免提早死亡带来的经济价值的形式进行量化（不包括避免就医），包括 $PM_{2.5}$ 暴露量下降和臭氧暴露量下降两方面的收益。减少提早死亡的经济收益是根据统计生命价值（VSL）来计算的，即人们愿意为避免危害健康而支付多少成本的一个指数。本研究并没有将减少就医的收益货币化，因此评估结果是相对保守的。预计 2030 年国六标准排放控制措施的成本和收益对比见图 1-7。

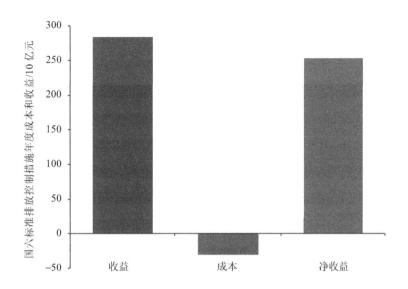

图 1-7　预计 2030 年国六标准排放控制措施的成本和收益

综合技术成本和健康效益分析，预计到 2030 年，实施国六标准带来的 $PM_{2.5}$ 和臭氧相关健康收益的总价值为 2 843 亿元，成本则为 318 亿元，收益-成本比为 8.9∶1，年度净收益达 2 524 亿元。表 1-4 列出了三大重点区域和全国范围内避免提早死亡而产生的价值、技术成本、净收益（收益减成本）及收益-成本比。在三大重点区域，京津冀地区的收益-成本比最高，达到 9.7∶1。国六标准实施带来的成本与收益见表 1-4。

表 1-4　国六轻型车标准的成本与收益

区域	因避免提早死亡而产生的社会收益/10 亿元	车辆技术成本增幅/10 亿元	年度净收益/10 亿元	收益-成本比
京津冀地区	35.8	3.7	32.1	9.7∶1
长三角地区	31.4	6.6	24.8	4.8∶1
珠三角地区	11.5	3.5	8	3.3∶1
全国	284.3	31.8	252.5	8.9∶1

第2章 环保信息公开

张海燕 钱立运

2.1 总体要求

必须在依法通过资质认定（计量认证）和生态环境部机动车排污监控中心建立的信息公开平台联网的检测机构才可以出具型式检验报告。文件参照《关于进一步规范排放检验加强机动车环境监督管理工作的通知》（国环规大气〔2016〕2号）、《关于开展机动车和非道路移动机械环保信息公开工作的公告》（国环规大气〔2016〕3号）、《关于加快推进新生产机动车和非道路移动机械排放检验机构联网工作的通知》（环办大气函〔2016〕2386号）进行。

2.2 适用对象及变更要求

开户：生产企业或者进口商开户，代理申报企业及个人没有开户权限。具体开户资料、开户流程及表格可在机动车环保网信息公开栏目中下载。

变更：由于企业管理和运营导致信息发生变化，且相关产品的环保关键配置、技术参数和性能都未发生变化的应及时进行变更。例如，法人变更等。

更正：已信息公开车机型信息发现错误，需申请进行更正。

撤销：已信息公开车机型且该配置没有生产销售过，今后也不会生产销售此配置的车型就可以申请撤销。

2.3 型式检验材料

企业先提交并进行信息公开车辆的相关参数附录备案，检测机构下载附录信息后方可开始进行型式检验。

2.3.1　型号要求

燃料种类不同、排放标准阶段不一致、混合动力与非混合动力车辆、国六 a 车型与国六 b 车型、PN 是否满足 6×10^{11} 限值要求、RDE 是否符合限值 2.1 倍均应区分车辆型号。耐久性测试 16 万 km 与 20 万 km 不区分车辆型号。

2.3.2　型式检验材料

2.3.2.1　车辆参数表

➤ GB 18352.6—2016 标准附录 A 填报说明；

➤ 系族划分表[排期排放、耐久性（排放、蒸发、加油）、蒸发、OBD]。

2.3.2.2　OBD 相关资料

➤ 系族划分表（OBD 系族）；

➤ OBD 系统监测的排放系统信息[对于一个 OBD 系族，就在代表车型的基础上，提交一份汇总表（summary table）。后续的车型上若有差异的，编辑提交含全部故障诊断代码（DTC）的信息的汇总表，也可提交仅含新增加的 DTC 的信息的汇总表]；

➤ 输入输出信号表；

➤ 标准化数据模式 09 内容；

➤ OBD 演示试验申请（汽油车）；

➤ OBD 诊断要求检查表；

➤ 制造厂关于 IUPR 符合标准要求的申明（盖章扫描）；

➤ 失火诊断工况分布图及各工况下的失火诊断表格[对于一个 OBD 系统，应提交代表性车型的失火诊断表格，对后续车型若有更差的失火诊断状态（worst case），则应增加最差状态的车型的失火诊断表格，并编辑提交]；

➤ 演示试验替代循环说明；

➤ OBD 豁免申请；

➤ OBD 缺陷说明文件资料；

➤ PCV 描述文件；

➤ OBD 试验用替代老化件、企业老化方法描述；

➤ OBD 申报技术文档；

➤ AECD、AES 或 BES 的说明材料。

OBD 相关资料信息模板可以从信息公开系统下载。

2.3.3　型式检验报告

型式检验报告包含 I 型（包括污染物排放系数——K_i）、II 型、III 型、IV 型、V 型（若进行实车耐久性试验需提交 V 型耐久报告、IV 型/和 VII 型耐久报告和催化器成分报告，采用 SBC 方法老化的需要提交 SBC 试验报告）、VI 型、VII 型、OBD 演示试验报告和噪声试验报告、油耗试验报告。此外，还应上传道路载荷测定报告（道路载荷测定报告应提交带有原始数据和推算过程的报告）。各型式检验报告模板可以从信息公开系统下载。

车内空气质量标准的执行以修订后的《乘用车内空气质量评价指南》（GB/T 27630—2011）为准，在该标准规定的实施日期之前信息公开时可不提交按照该标准出具的报告。

2.4　机动车环保信息公开随车清单

机动车环保信息公开随车清单可从信息公开系统下载，随车清单填写说明见本书附录 B。

2.5　下线检验

2019 年 11 月 1 日之前，机动车出厂或进口前，应按照《点燃式发动机　汽车排气　污染物排放限值及测量方法（双怠速法及简易工况法）》（GB 18285—2005）和《车用压燃式发动机和压燃式发动机汽车排气烟度排放限值及测量方法》（GB 3847—2005）规定进行下线检验。2019 年 11 月 1 日之后，机动车出厂或进口前，应按照《汽油车污染物排放限值及测量方法（双怠速法及简易工况法）》（GB 18285—2018）和《柴油车污染物排放限值及测量方法（自由加速法及加载减速法）》（GB 3847—2018）规定进行下线检验。国产汽车下线检验应在生产企业出厂前完成，进口汽车下线检验应在货物入境前完成。

2.6　CAL ID 与 CVN 备案

车辆量产后，需要按照《轻型汽车污染物排放限值及测量方法（中国第六阶段）》（GB 18352.6—2016）的要求对排放或 OBD 系统产生影响的所有关键诊断或排放电子动力控制单元的车辆软件标定识别码（CAL ID）和软件标定验证码（CVN）进行计算汇总，并定期在环保信息公开系统中进行上报。首次提交时应包括型式检验期间车辆 CAL ID 和 CVN 数据。

车辆生产企业生成 CAL ID 和 CVN 报告的计算方法应符合法规标准要求，并向监管部门说明采用的算法。

车辆生产企业应按照规定将车辆 CAL ID 和 CVN 报告上传到环保信息公开系统，监管部门可在车辆年检等核查环节对数据库中的 CAL ID 和 CVN 同车辆上读取的 CAL ID 和 CVN 进行比对。

当生产企业对控制软件进行更新时，新软件应该创建一个全新的 CAL ID 和 CVN 值。对于不影响排放和 OBD 系统的更新，企业应提交自我声明。对于影响排放和 OBD 系统的应提交相关材料（企业可在自己检验机构进行也可委托第三方进行），证明更新后的排放和 OBD 系统仍符合 GB 18352.6—2016 要求。随着软件不断更新，某车型的每个控制单元（module ID）所生成的 CAL ID 和 CVN 值也应该会不断增加。企业应及时提交车型更新的 CAL ID 和 CVN 数据。信息公开系统会记录保留所有的 CAL ID 和 CVN 记录。

CAL ID 与 CVN 备案模板及填写说明可从信息公开系统下载。

2.7 缺陷管理

缺陷申请针对 OBD 系族进行申请。

不接受完全没有所要求的诊断监测功能的缺陷；

不接受检测不出能够导致排放超过 OBD 阈值 2 倍以上的故障的缺陷；

尽管生产企业可以请求生态环境主管部门接受带有一个或多个缺陷，对于 GB 18352.6—2016 中附录 J.4.1、附录 J.4.2、附录 J.4.3、附录 J.4.4、附录 J.4.6、附录 J.4.7、附录 J.4.13 以及附录 J.5.2、附录 J.5.4、附录 J.5.5、附录 J.5.6、附录 J.5.8、附录 J.5.9 等排放相关重要监测项，生态环境主管部门不接受超过 3 项以上的监测项带有缺陷，但每个监测项目中可允许 1 个或多个缺陷。

2.7.1 缺陷的分类

根据缺陷导致不能检测出来的故障对车辆排放可能产生的影响，将缺陷分为严重缺陷和非严重缺陷两大类。

严重缺陷为不能检测出 GB 18352.6—2016 附录中 J.4.1~J.4.13 以及附录 J.5.1~J.5.13

中能够导致排放超过 OBD 阈值但不超过 OBD 阈值 2 倍的故障的缺陷。其他不能满足 GB 18352.6—2016 附录中监测要求的缺陷为非严重缺陷。

2.7.2 缺陷期

生产企业必须在 12 个月内纠正只需修改标定的缺陷，对于需要修改软件控制策略的缺陷，可延长至 24 个月；对于需要通过硬件重新设计并进行相关验证试验的缺陷，可延长至 36 个月。对严重缺陷，在缺陷豁免期间，每 12 个月生态环境主管部门应重新评估此缺陷的豁免期。

如果在已经通过型式检验的车型上发现缺陷，生产企业可以要求追溯确认该缺陷，生态环境主管部门的批准应按照 GB 18352.6—2016 附录中 J.7.2 和 J.7.3 的规定对该缺陷进行评估，包括对已经售出车辆的纠正。在这种情况下，自生态环境主管部门批准之日起，生产企业应按附录 J.7.4.1 的要求纠正该缺陷。如果生产企业的缺陷请求未获生态环境主管部门批准，生产企业应立即采取措施进行纠正。

2.7.3 缺陷报送

企业应及时上报纠正确认报告并确认纠正日期，申请模板参考表 2-1。

严重缺陷申请时应报送存在缺陷的 CAL ID 和 CVN。非严重缺陷应保证缺陷发现后出厂的车辆更新正确的 CAL ID 和 CVN 等。

表 2-1 关于 OBD 严重缺陷项目/非严重缺陷项目的申请模板

生产企业名称：						OBD 系族名称：					
序号	缺陷分类	属于的监测项目	缺陷项目简述（200字内）	整改期	修改内容	车辆型号	发现缺陷的时间	缺陷到期时间	详细说明文件和缺陷计划书	缺陷纠正时间	评估确认日期	缺陷纠正文件
1				12 个月	修改标定、修改软件、修改硬件		2017 年 6 月 6 日				年 月 日	
...												

备注：
1. 如需修改缺陷申请内容，可向主管部门提出申请并经同意后进行修改。
2. 如需解除缺陷申请，可向主管部门提出申请并经同意后解除。

2.7.4 缺陷纠正

如果可以证明缺陷纠正的内容（修改标定、修改软件、修改硬件）对 OBD 演示、排放、蒸发试验没有影响，企业可以免除型式检验试验，并提交相关证明材料。

企业应保证整改期结束后出厂或进口的车辆已纠正缺陷，鼓励企业对已销售带缺陷车辆进行缺陷纠正。

第3章 型式检验要求

王宏丽　肖寒

3.1 一般要求

影响排气污染物、实际行驶排气污染物、曲轴箱污染物、蒸发污染物和加油过程污染物、污染控制装置耐久性和 OBD 系统的零部件，在设计、制造和组装上应使汽车在正常使用条件下满足 GB 18352.6—2016 的要求。

GB 18352.6—2016 适用于以点燃式发动机或压燃式发动机为动力、最大设计车速大于或等于 50 km/h 的轻型汽车（包括混合动力电动汽车）。在生产企业的要求下，最大设计总质量超过 3 500 kg 但不超过 4 500 kg 的 M1、M2 和 N2 类汽车可按 GB 18352.6—2016 进行型式检验。超 3.5T 的车型型式检验和生产一致性检查和在用符合性检查按照轻型车标准进行，随车清单发放重型车随车清单。

汽车生产企业、汽车进口企业应按 GB 18352.6—2016 进行型式检验。一种车型的型式检验内容包括常温与低温排气污染物、实际行驶排气污染物、曲轴箱污染物、蒸发污染物、加油过程污染物、污染控制装置耐久性（如果生产企业选择使用 GB 18352.6—2016 推荐的劣化系数或修正值，可不进行此项试验）和 OBD 系统等方面。

汽车生产、进口企业应选择一辆或多辆能代表型式检验车型的汽车进行试验。车辆应已完成环保备案且在检测机构端可正常下载，并且在确保车辆参数与环保备案参数一致之后方可开始试验。检测机构应进行样车参数核对，查验样车的过程以及排放试验要在环保联网监控下进行。

应选择一辆或多辆能代表 OBD 系族的汽车进行 OBD 相关的试验，如果生产企业不确定所选择的汽车能否完全代表该车型或汽车系族，则应增加汽车进行试验。

生产企业应采取技术措施，确保汽车在正常使用条件下和正常寿命期内，能有效控制其排气污染物、实际行驶排气污染物、曲轴箱污染物、蒸发污染物、加油过程污染物在标准规定的限值内。这也包括排放控制系统所使用的软管及其接头，以及各个接线的可靠性，它们在制造上应符合其最初设计要求。

所有汽车应装备 OBD 系统，该系统应在设计、制造和汽车安装上，能确保汽车在全寿命期内识别并记录劣化或故障的类型。

禁止使用失效措施。

在汽车全寿命期内，不得对排放控制技术措施和汽车装备的 OBD 系统进行改造，除非出于解决汽车排放缺陷的需要，且生产企业对改造情况进行了书面说明。

应采取下列措施之一，防止油箱盖丢失造成蒸发污染物超标或燃油溢出。

（1）不可轻易拆卸自动开启和关闭的油箱盖。

（2）从结构设计上防止油箱盖丢失所造成的蒸发污染物超标。

（3）其他具有同样效果的任何措施。例如，拴住油箱盖；油箱盖锁和汽车点火使用同一把钥匙，且油箱盖只有锁上时才能拔掉钥匙。

关于电控系统的安全性：生产企业应保证电控单元中与排放相关的要求或参数不被改动。如果为了诊断、维护、检查、更新或修理汽车需要改动，应经生产企业授权，并详细记入在用符合性材料中。生产企业应提供一定级别的保护措施，防止任何可重编程序的电控单元代码或运行参数被非法改动。保护级别至少相当于 ISO 15031-7 的规定。任何可插拔的用于存储标定数据的芯片，应装入密封容器保存，或由电子算法进行保护。除非使用生产企业授权的专用工具和专用规程，否则存储的数据不能被改动。

除非使用生产企业授权的专用工具和专用规程，用电控单元代码表示的发动机运转参数应不能被改动。

对可能不需保护的汽车，生产企业可依据但不限于下列标准进行改动：性能芯片目前是否能够供应、汽车高性能能力和汽车计划销售量。生产企业应对改动的情形做出书面说明。

采用电控单元可编程序代码系统（如电可擦除可编程序只读存储器）的生产企业，应防止非授权改编程序。生产企业应采取强有力的防篡改措施，以及防编写功能。防止对已出厂或已销售车辆进行非授权篡改或改写。生产企业对采用的防篡改措施应做出书面说明。

在进行所有型式检验项目期间，除了 OBD 演示试验中燃油系统、可变正时气门系统（VVT）、冷启动减排策略等主管机构允许的软件修改项目及 V 型耐久性试验外，试验车辆的 CAL ID 和 CVN 数据应保持一致。出于企业开发升级需要，V 型耐久性试验车辆 CAL ID 和 CVN 可以和其他检验项目车辆不同，但耐久性试验期间试验车辆（包含排放耐久车辆、蒸发耐久车辆、加油排放耐久车辆）的 CAL ID 和 CVN 数据应保持一致。每次试验前检测机构都应采用 OBD 通用诊断工具读取 Mode09 文件输出存储记录并进行核对。

3.2 型式检验试验项目

不同类型汽车在型式检验时要求进行的试验项目见表 3-1。

表 3-1　型式检验试验项目

型式检验试验类型	装用点燃式发动机的轻型汽车（包括 HEV）			装用压燃式发动机的轻型汽车（包括 HEV）
	汽油车	两用燃料车	单一气体燃料车	
Ⅰ型-气态污染物	进行	进行	进行	进行
Ⅰ型-颗粒物质量	进行	进行（只试验汽油）	不进行	进行
Ⅰ型-粒子数量	进行	进行（只试验汽油）	不进行	进行
Ⅱ型	进行	进行（只试验汽油）	进行	进行
Ⅲ型	进行	进行（只试验汽油）	进行	进行
Ⅳ型 (1)	进行	进行（只试验汽油）	不进行	不进行
Ⅴ型 (2)	进行	进行（只试验气体燃料）	进行	进行
Ⅵ型	进行	进行（只试验汽油）	进行	进行
Ⅶ型	进行	进行（只试验汽油）	不进行	不进行
OBD 系统	进行	进行	进行	进行

注：
(1) Ⅳ型试验前，还应按 GB 18352.6—2016 中 5.3.4.2 的要求对炭罐进行检测；
(2) 对于使用 GB 18352.6—2016　5.3.5.1.1.3 和 5.3.5.1.2.2 中规定的劣化系数（修正值）通过型式检验的车型，不进行此项试验。
Ⅰ型试验：常温下冷启动后排气污染物排放试验；
Ⅱ型试验：实际行驶污染物排放试验；
Ⅲ型试验：曲轴箱污染物排放试验；
Ⅳ型试验：蒸发污染物排放试验；
Ⅴ型试验：污染控制装置耐久性试验；
Ⅵ型试验：低温下冷启动后排气中 CO、THC 和 NO_x 排放试验；
Ⅶ型试验：加油过程污染物排放试验。

3.3 型式检验试验描述及要求

3.3.1　Ⅰ型试验

所有汽车均应进行此项试验。汽车放置在带有载荷和惯量模拟的底盘测功机上，按规定的测试循环、排气取样和分析方法、颗粒物取样和测试方法进行试验。记录所要求的污染物排放结果和各速度段的 CO_2 排放结果。试验次数和结果判定应根据规定确定。每一项试验结果应采用确定的 I 型试验劣化系数（修正值）进行校正，对装有周期性再生系统的汽车，还应乘以污染物排放系数（K_i）。每次试验测得的污染物排放结果应小于法规规定的限值（表 3-2、表 3-3）。

表 3-2　I 型试验排放限值（国六 a 阶段）

车辆类别		测试质量（TM）/ kg	限值						
			CO/ (mg/km)	THC/ (mg/km)	NMHC/ (mg/km)	NO_x/ (mg/km)	N_2O/ (mg/km)	PM/ (mg/km)	PN/ (个/km)
第一类车		全部	700	100	68	60	20	4.5	6.0×10^{11}
第二类车	I	TM≤1 305	700	100	68	60	20	4.5	6.0×10^{11}
	II	1 305＜TM≤1 760	880	130	90	75	25	4.5	6.0×10^{11}
	III	1 760＜TM	1 000	160	108	82	30	4.5	6.0×10^{11}

注：2020 年 7 月 1 日前，汽油车过渡限值为 6.0×10^{12} 个/km。

表 3-3　I 型试验排放限值（国六 b 阶段）

车辆类别		测试质量（TM）/ kg	限值						
			CO/ (mg/km)	THC/ (mg/km)	NMHC/ (mg/km)	NO_x/ (mg/km)	N_2O/ (mg/km)	PM/ (mg/km)	PN/ (个/km)
第一类车		全部	500	50	35	35	20	3.0	6.0×10^{11}
第二类车	I	TM≤1 305	500	50	35	35	20	3.0	6.0×10^{11}
	II	1 305＜TM≤1 760	630	65	45	45	25	3.0	6.0×10^{11}
	III	1 760＜TM	740	80	55	50	30	3.0	6.0×10^{11}

注：2020 年 7 月 1 日前，汽油车过渡限值为 6.0×10^{12} 个/km。

3.3.2　II 型试验

所有汽车均应进行此项试验。根据要求进行的实际行驶污染物排放试验（RDE）试验结果，市区行程和总行程污染物排放均应小于 I 型试验排放限值与表 3-4 中规定的符合性因子（conformity factor，CF）的乘积，计算过程中不得进行修约。

表 3-4 符合性因子 [1]

发动机类别	NO$_x$	PN	CO [3]
点燃式	2.1 [2]	2.1 [2]	
压燃式	2.1 [2]	2.1 [2]	

注：（1）2023 年 7 月 1 日前仅监测并报告结果；

（2）暂定值，2022 年 7 月 1 日前确认；

（3）在 RDE 测试中，应测量并记录 CO 试验结果，2022 年 7 月 1 日前确认。

3.3.3　Ⅲ型试验

所有汽车均应进行此项试验。对两用燃料车，仅对燃用汽油进行试验。对混合动力电动汽车，使用纯发动机模式进行试验。

试验应按 GB 18352.6—2016 附录 E 规定的运转工况进行试验。如果不能按工况 2 或工况 3 进行试验，应选择另一稳定车速（发动机驱动）进行Ⅲ型试验。

按 GB 18352.6—2016 附录 E 进行试验时，不允许发动机曲轴箱通风系统有任何污染物排入大气，对没有采用曲轴箱通风系统的汽车，Ⅰ型排放试验过程中，应将曲轴箱污染物引入定容稀释取样系统（Concurrent Version System，CVS），计入排气污染物总量。

3.3.4　Ⅳ型试验

除单一气体燃料车外，所有装用点燃式发动机的汽车均应进行此项试验。两用燃料车仅对汽油燃料进行此项试验。本试验同样适用于使用汽油机的混合动力电动汽车。试验前，生产企业还应单独提供两套相同的炭罐，选择一套进行Ⅳ型试验，另一套按 GB 18352.6—2016 附录 F 的试验方法检测其有效容积和初始工作能力，测量结果应为生产企业信息公开值的 0.9～1.1 倍。按 GB 18352.6—2016 附录 F 进行试验，蒸发排放试验结果应采用Ⅳ型试验劣化修正值进行加和校正。校正后的蒸发污染物排放量应小于限值要求（表 3-5）。

表 3-5 Ⅳ型试验排放限值

车辆类别		测试质量（TM）/kg	排放限值/[g/次（试验）]
第一类车		全部	0.70
第二类车	Ⅰ	TM≤1 305	0.70
	Ⅱ	1 305＜TM≤1 760	0.90
	Ⅲ	1 760＜TM	1.20

3.3.5 Ⅴ型试验

生产企业应按以下方法确定劣化系数（修正值）。两用燃料车仅对气体燃料进行此项试验。

3.3.5.1 Ⅰ型试验劣化系数（修正值）

生产企业可选择使用Ⅰ型试验劣化系数（修正值）。

生产企业可以按 GB 18352.6—2016 附录 G 所述程序在底盘测功机上或试验场进行耐久性试验，其中国六 a 阶段耐久里程 160 000 km，国六 b 阶段耐久里程 200 000 km（2023 年 7 月 1 日前，耐久里程可为 160 000 km）；生产企业也可按 GB 18352.6—2016 附录 G 中所述的发动机台架老化试验方法进行耐久性试验；生产企业也可以使用替代的老化试验方法进行耐久性试验，但应提供详细的书面说明，证明与前述实际耐久性试验的等效性。

耐久性试验前，生产企业应选择两套相同的催化转化器，一套进行耐久性试验；另一套按 HJ 509 的规定检测其载体体积及各种贵金属含量，测量结果与信息公开值的差异应不超过±10%。

生产企业可以使用表 3-6 或表 3-7 中规定的劣化系数（修正值）。

表 3-6　Ⅰ型试验劣化系数

发动机类别	劣化系数						
	CO	THC	NMHC	NO_x	N_2O	PM	PN
点燃式	1.8	1.5	1.5	1.8	1.0	1.0	1.0
压燃式	1.5	1.0	1.0	1.5	1.0	1.0	1.0

表 3-7　Ⅰ型试验劣化修正值

发动机类别		劣化修正值/（mg/km）						
		CO	THC	NMHC	NO_x	N_2O	PM	PN
点燃式	国六标准 a	150	30	20	25	0	0	0
	国六标准 b	110	16	10	15	0	0	0
压燃式	国六标准 a	150	0	0	25	0	0	0
	国六标准 b	110	0	0	15	0	0	0

3.3.5.2 Ⅳ型和Ⅶ型试验劣化修正值

生产企业可选择Ⅳ型和Ⅶ型试验劣化修正值。按 GB 18352.6—2016 附录 G 所述的程序在试验场进行耐久性试验，确定Ⅳ型和Ⅶ型试验劣化修正值。生产企业可以使用表 3-8 中规定的Ⅳ型和Ⅶ型试验劣化修正值。

表 3-8　Ⅳ型和Ⅶ型试验劣化修正值

类别	劣化修正值
Ⅳ型试验	0.06 g/次（试验）
Ⅶ型试验	0.01 g/L

劣化系数（修正值）的使用和变更。对于使用推荐劣化系数（修正值）通过型式检验的车型，如生产企业提出书面申请，可以用实测得到的劣化系数（修正值）替代表 3-6、表 3-7 和表 3-8 中规定的劣化系数（修正值），并变更型式检验报告。劣化系数（修正值）用于确定汽车的排气污染物和蒸发污染物是否满足国六标准中相应限值的要求。混合动力电动汽车耐久性试验要求［如果使用推荐劣化系数（修正值），则不适用］：

可外接充电的混合动力电动汽车（OVC-HEV）在里程积累试验期间，允许储能装置在 24 h 内进行两次充电。

有手动选择行驶模式功能的可外接充电的混合动力电动汽车，里程累积试验应该在打开点火开关后自动设定的模式（主模式）下进行。为了连续里程累积的需要，在里程累积试验期间，允许转换到另一种混合模式。排放污染物的测量应该在与Ⅰ型试验电量保持模式规定的相同条件下进行。

不可外接充电的混合动力电动汽车（NOVC-HEV）和有手动选择行驶模式功能的不可外接充电的混合动力电动汽车，里程累积试验应该在打开点火开关后自动设定的模式（主模式）下进行。排放污染物的测量应该在与Ⅰ型试验中规定的相同条件下进行。

3.3.6 Ⅵ型试验

所有汽车均应进行此项试验。两用燃料车仅对汽油进行此项试验。汽车放置在带有载荷和惯量模拟的底盘测功机上。按 GB 18352.6—2016 附录 C 中规定的测试循环（低速段和中速段）、排气取样和分析方法进行试验。试验由Ⅰ型试验的低速段和中速段两部分组成。试验期间不得中止，并在发动机启动时开始取样。

试验应在-7℃±3℃的环境温度下进行。试验前，试验汽车应按规定进行预处理，以保证试验结果的重复性，预处理和其他试验规程按 GB 18352.6—2016 附录 H 进行。

试验期间排气被稀释，并按比例收集样气。试验汽车的排气按照 GB 18352.6—2016 附录 H 规定的规程进行稀释、取样和分析，并测量稀释排气的总容积。分析稀释排气的 CO、THC 和 NO$_x$，计算得到各种污染物的排放量。

记录表 3-9 所要求的污染物排放结果。对装有周期性再生系统的汽车，应在非再生条件下进行测试。每次试验测得的排气污染物排放量，应小于表 3-9 限值。

表 3-9　Ⅵ型试验的排放限值

车辆类别		测试质量（TM）/kg	CO/（mg/km）	THC/（mg/km）	NO$_x$/（mg/km）
第一类车		全部	10.0	1.20	0.25
第二类车	Ⅰ型	TM≤1 305	10.0	1.20	0.25
	Ⅱ型	1 305＜TM≤1 760	16.0	1.80	0.50
	Ⅲ型	1 760＜TM	20.0	2.10	0.80

混合动力电动汽车Ⅵ型试验要求车辆应按照 GB 18352.6—2016 附录 H 的规定进行试验，同时应满足以下要求：

对 OVC-HEV 车辆，排放污染物的测量应该在与Ⅰ型试验电量保持模式规定的相同条件下进行，无须进行试验有效性判定。

对 NOVC-HEV 车辆，排放污染物的测量应该在与Ⅰ型试验中规定的相同条件下进行，无须进行试验有效性判定。

3.3.7　Ⅶ型试验

除单一气体燃料车外，所有装用点燃式发动机的汽车均应进行此项试验。两用燃料车仅对汽油燃料进行此项试验。本试验同样适用于使用汽油机的混合动力电动汽车。按 GB 18352.6—2016 附录 I 进行试验，加油过程污染物排放试验结果应采用Ⅶ型试验劣化修正值进行加和校正，校正后的加油过程污染物排放量应小于 0.05 g/L。

3.3.8　OBD 系统试验

所有汽车均应进行此项试验。按 GB 18352.6—2016 附录 J 进行试验时，OBD 系统应满足 GB 18352.6—2016 附录 J 的要求。对点燃式发动机车辆，型式检验应进行催化器、前氧传感器和失火试验；对压燃式发动机车辆，型式检验应进行 NO$_x$ 催化转化器、EGR 试验以及 DPF 试验。同时还应在 GB 18352.6—2016 附录 JA.6.3 中另外任选至少两项进行试验。对所有型式检验试验项，如果单个型式检验试验项有多个排放试验要求的，可任选一项进行排放试验。

生产企业应将 OBD 系统故障模拟样件留存备查，至少应保存 3 年。

3.4 试验用燃料

型式检验试验中，除 II 型和 V 型试验外的所有试验均应采用符合 GB 18352.6—2016 附录 K 要求的基准燃料，II 型和 V 型试验应采用符合国家第六阶段汽（柴）油标准的市售车用燃料。

使用 GB 18352.6—2016 附录 K 中未包含的燃料种类的车辆，应采用符合相关国家标准规定的市售车用燃料。

3.5 样车及样件留存

汽车生产企业或检测机构应将型式检验样车封存 1 年备查，同一车型采用多个样车进行检验的，可选取其中一辆样车进行封存，封存时间应从该车型所有检验报告中发送最晚的一个检验报告报送时间开始计算。1 年后将样车 ECU 封存备查，企业应将 OBD 演示车辆使用的老化样件及 OBD 故障模拟器留存 3 年，留存地点可由生产企业和检测机构协商（境内、境外均可），检测机构应做好样车留存信息记录。

装有 48V 系统的车辆试验根据常规燃油车规程进行，无须执行混合动力电动汽车的电量平衡和 OBD 相关要求。

3.6 车辆模式选择

生产企业应保证所有自动换挡模式下都满足标准限值。这里的"模式"是指用户不需要通过特殊规程，仅点选驾驶室面板上的按键即可进入的模式。型式检验试验时，可以采用主模式（是指无论车辆熄火之前是何种驾驶模式，车辆再次启动时默认选择的驾驶模式）进行污染物和 CO_2 的检验。无主模式生产企业可以按照企业内部定义，应进行最优情况和最劣情况的试验，CO_2 采用两种模式的算术平均值，信息公开仅上传最劣排放检验报告。

除特殊模式（如维修模式、牵引模式）外，生产企业应完成其他自动换挡模式的验证。生态环境主管部门保留在监督检查时检查其他模式排放的权力。

车辆生产企业应对道路载荷准确度负责，并确保批量生产的车辆在道路载荷系族内。生产企业应说明采用的载荷系数测定方法，并同时提供道路载荷测定报告、行驶阻力曲线、原始数据和推算过程以及其他相关资料。如企业采用其他替代方法确定道路载荷，则应证明替代方法的准确性和精度等同或优于国六标准中规定的任意测定方法，替代方法所使用的相关测试仪器的测量精度和准确度也应满足标准要求，替代方法和相关测试设备的等效性证明有效期为 2 年。检测机构通过信息公开系统下载道路载荷系数开展试验。

3.7 装有周期性再生系统

装有周期性再生系统的汽车在试验之前需要进行 K_i 因子（具体要求见本书 4.9 节）的确定。周期性再生系统指在不超过 4 000 km 的正常车辆运行期间需要一个周期性再生过程的催化转化器、颗粒捕集器或其他污染控制装置。如果污染控制装置在预处理期间发生至少一次再生过程，在 I 型试验中又发生至少一次再生过程，则不属于周期性再生系统的范围。

如果生产企业能够提交数据显示其在再生阶段中的排放低于标准规定的限值，可以不进行 K_i 因子的确定，并向生态环境主管部门进行书面声明。

PN 不进行 K_i 因子的确定，CO_2 可以采用 $K_i=1.05$ 的固定系数。

汽车可安装一个能防止或者允许再生发生的开关，但该开关的操作应对发动机的初始标定没有任何影响。该开关应仅用于防止再生系统装载期间和预处理循环期间的再生，在再生阶段测量排放时不得使用该开关。

检测机构接到样车后要将车辆参数与环保备案参数进行核对，确保与备案参数一致后方可开始试验，查验样车的过程以及确定 K_i 因子的所有试验要在环保监控下进行。

3.8 装有非周期性再生系统

对于在 WLTC 工况下运行 4 000 km 之内不会发生强制再生的系统，企业应在信息公开系统中提交强制再生触发条件，并提交 4 000 km 内在 WLTC 工况下未发生强制再生试验数据。如果在试验过程中发生强制再生且企业能够证明本次试验达到信息公开系统提交的强制再生触发条件，可认为试验结果无效，在生产企业的要求下可以重复进行一次试验。生产企业应确保在第二次试验前车辆已完成再生过程，并且已经进行了适当的预处理。

如果污染控制装置在预处理期间发生至少一次再生过程，在 I 型试验中又发生至少一次再生过程，则应认为是连续再生系统。

装有被动再生系统的车辆在再生期间排放结果也应满足标准限值要求。

第4章 型式检验流程

4.1 I型试验

4.1.1 试验要求

生产企业应向检测机构提供试验样车1辆。

试验样车可根据生产企业需求进行磨合，并保证机械状况良好。

生产企业应向检测机构提供相应车型完成备案的国环附录号、样品参数登记表、道路滑行阻力（需要提供试验报告、计算报告和其他相关资料）。

手动挡车辆需要提供换挡参数，并由检测机构计算换挡曲线。

明确该车型申报的CO_2声明值（修约至小数点后两位）和所采用的劣化系数算法（加法或乘法）。

生产企业应向检测机构提供是否配备周期性再生系统等信息，若车辆配备周期性再生系统，则需要在检测机构进行污染物排放系数（K_i）的测试检验（PN无K_i），如生产企业提供试验数据证明即使在试验中发生再生过程，其排放仍然低于排放限值，则可不进行K_i测试试验，CO_2的K_i使用标准推荐值，其他污染物排放K_i为1（PN无K_i）。

4.1.1.1 模式选择

经生态环境主管部门允许，可以将主模式作为确定主要污染物排放和CO_2排放的唯一模式。尽管存在主模式，对具有驾驶员可选操作模式的车辆，生产企业应确保车辆在所有自动换挡模式下都满足排放标准限值，并提交声明。如果车辆没有主模式，或者生产企业提出的主模式没有获得生态环境主管部门允许，车辆应在最优和最劣的换挡模式下分别进行污染物排放和CO_2排放试验。最优和最劣换挡模式应根据所有模式中CO_2排放情况进行确定。CO_2排放应为两种模式的算术平均值，两种模式下的试验结果都应进行记录。除特殊模式（如维修模式、牵引模式）外，生产企业应完成其他自动换挡模式的验证。生态环境主管部门保留在监督检查时检查其他模式排放的权力。

4.1.1.2 样车核对

检测机构应下载对应车型附录，下载成功后获取车辆备案的主要参数，并在国环监控系统下进行车辆信息核对，试验样车应与国环备案和样品登记表中保持一致，若不一致则不能开始该项目的测试。核对内容包含但不限于以下内容：车辆型号、VIN、发动机型号、发动机编号、轮胎型号、测试质量（备案和样品登记表）、催化器型号、增压器型号（若适用）、氧传感器型号、颗粒捕集器型号（若适用）、ECU 型号、EGR 型号（若适用）。应记录试验车辆的 CAL ID 和 CVN 数据。

试验用车辆应采用 GB 18352.6—2016 附录 K 规定的相应基准燃料。

4.1.2 试验流程

4.1.2.1 接收样品，核查样车

4.1.2.2 更换燃油

4.1.2.3 车辆充电及换挡点计算

预试验循环前，应对车辆车载可充电系统（REESS）进行充分充电。如果生产企业要求，预试验循环前可以省略充电过程。在正式试验前，不得再次对 REESS 进行充电。若为手动挡车辆应计算换挡点。

4.1.2.4 测功机预热

应按照底盘测功机制造商说明书，或其他合适的方法对底盘测功机进行预热，直到内部摩擦损失稳定为止。若已完成测功机预热可忽略此步骤。

4.1.2.5 车辆准备及预热

将电量确认完毕后的试验车辆驾驶或者推到测功机上，车辆轮胎压力最多可增加到比 GB 18352.6—2016 附录 CC.4.2.2.3 规定的压力高 50%，测功机设定和后续试验应使用相同的轮胎压力，试验报告中应记录所使用的实际轮胎压力。应按全球轻型汽车测试循环（WLTC）或替代预热程序对车辆进行预热。

4.1.2.6 测功机载荷和惯量设定

若车辆为四驱模式，且在四轮驱动底盘测功机上进行试验时，转动惯量应该设定为相应的车辆测试质量；若车辆为两驱模式（包括随动模式），则车辆在两轮驱动底盘测功机上或以随动形式在四轮驱动底盘测功机上进行测试时，转动惯量应为车辆测试质量加上不影响测量结果的车轮的有效惯量，或者加上旋转质量的 50%（基准质量的 1.5%）。

4.1.2.7　车辆滑行

应按照 GB 18352.6—2016 附录 CC.8.1.3.4.1 或附录 CC.8.1.3.4.2 设定载荷，最小加速度和速度的乘积约为 6 m²/s³ 。

其中采用最小二乘法（GB 18352.6—2016 附录 CC.8.1.3.4.2）计算两次连续滑行结果，在给定速度范围内，结果偏差应在±10 N 之内。如果不满足要求，应按 GB 18352.6—2016 附录 CC.8.1.4 的规定对测功机的设定参数进行调整，继续进行滑行试验，直到满足上述要求偏差为止。

如无特殊要求，应在滑行、预处理和试验期间，关闭车辆所有辅助设备，或者令其处于失效状态。如果车辆有测功机运行模式，应该按照车辆生产企业的说明激活。

4.1.2.8　车辆预处理

驾驶员按照 WLTC 测试循环进行预处理测试，试验期间，驾驶员不应看到实际速度公差。在生产企业或者生态环境主管部门的要求下，可以进行额外的 I 型试验测试循环，以便车辆和控制系统达到稳定的工作状态，并应记录额外的预处理循环。

对于装备了周期性再生系统的汽车，应保证车辆在未达到再生阶段的时候进行排放试验。对于 PM 取样，试验期间再生装置应处于稳定加载状态（即车辆没有进行再生过程），建议试验车在处于两次周期再生期间 1/3 的里程进行验证，或事先将周期性再生装置在离线状态下进行等效加载。

4.1.2.9　浸车

经预处理后的汽车，在正式试验前，应置于 23℃±3℃ 的环境下进行 6～36 h 的浸车，发动机罩盖打开或者关闭均可。如果没有特殊要求，也可以采用强制冷却的方法将车辆冷却到设定的温度点。浸车期间如果使用风扇进行加速冷却，应注意风扇的放置位置，以使传动系统、发动机和排气后处理系统能够均匀冷却。浸车期间不得对车辆 REESS 进行充电。

4.1.2.10　排放测试

检验机构温度应控制在 23℃±5℃，应以不低于 1 Hz 的频率连续测量并记录温度。正式试验开始前，发动机机油温度和冷却液温度应在 23℃±2℃ 范围内。

在不启动发动机的情况下将试验样车推到底盘测功机上并固定。

检查试验车辆的油温、水温和胎压，胎压与预处理和滑行时胎压应保持一致。

连接 RESS 电量测量装置，电流钳方向与电流方向相反，测量的电流采样频率不小于 20 Hz。

关闭发动机盖。发动机启动前，将采样管连接到试验车辆排气管上。使用一张滤纸测量整个 I 型试验测试循环的 PM 排放。对底盘测功机和分析仪进行参数设定。按测试循环要求进行试验，开始排放和电量测量。

试验有效性判定：

（1）如果车辆启动没有成功，或者显示启动错误，试验无效。应重新进行预处理，然后进行新的试验。

（2）试验过程中允许速度公差大于规定要求，但超差时间不能超过 1 s。试验期间，出现上述速度超差的情况不能多于 10 次。否则试验无效。

（3）如果试验过程中发动机意外熄火，则预处理或者 I 型试验无效。

试验结束后关闭发动机，将车辆移下底盘测功机。

4.1.2.11　分析仪测试规程

气体分析仪检查应用标准气体检查用于连续测量的分析仪的零点和量距点读数，如果试验前和试验后的结果相差不超过量距气标称值的 2%，则认为结果有效。

气体分析。应该尽快对取样气袋中的稀释排气和稀释空气进行分析，且在任何情况下，分析不得迟于试验结束后的 30 min。

标定和检查。在对每对气袋进行气体分析的前后，或者在整个试验的开始前和结束后进行。对第二种情况，在试验过程中，对所有使用的分析仪量程都需要进行标定和检查。

滤纸称重。至少在试验前 2 h，将滤纸放置在一只防止灰尘进入的开口的盘中，并放置在称重室中进行稳定。在稳定处理结束后，将滤纸称重并记录重量。在用于试验前，滤纸应放置在密闭的有盖器皿内或者密封的滤纸架中。滤纸应从称重室拿出后 8 h 内使用。

每次称重开始前 24 h 之内，推荐用 100 mg 的基准砝码对微量天平进行校正，应称重 3 次并记录其平均值。如果该平均值与前一次检查时称重值的差异在 ±5 μg 范围内，则认为本次称重和天平有效。

颗粒物取样。滤纸应在试验完成后 1 h 内送到称重室，将滤纸放在一只防止灰尘进入的开口的盘中静置至少 1 h，然后进行称重，记录滤纸的总质量。

4.1.2.12　试验结果判定

如果任何一次试验结果有某种污染物超标，则试验车辆排放不合格。合格车辆的污染物排放结果为各次试验结果的算术平均值。

排放结果判定。按表 4-1 对经 K_i 和劣化系数（修正值）修正后的结果进行判定。

CO_2 修正和判定。首先根据测试循环的能量变化 E_{REESS} 与燃料能量 E_{fuel} 的比值进行

判断 CO_2 排放是否需要修正：

（1）如果 E_{REESS} 为负（相当于 REESS 放电），且修正准则 c 大于 0.005，应进行修正。

（2）若满足下列条件，则使用未修正值。

①修正准则 c 小于 0.005；

②E_{REESS} 为正（相当于 REESS 充电），且修正准则 c 大于 0.005；

③若生产企业向生态环境主管部门证明：E_{REESS} 与 CO_2 质量排放无关，与燃料消耗量也无关，则可无须修正。

若需要修正，应对整个循环和每个循环阶段分别进行修正并记录。若不需要修正，则记录整个循环和每个循环阶段的 CO_2 排放值。

按表 4-1 进行结果判定。

表 4-1　Ⅰ型试验次数准则

试验	判断标准	污染物排放	CO_2 排放结果
第一次试验	第一次试验结果	＜限值×0.9 [(1)]	＜声明值×1.04
第二次试验	第一次和第二次试验结果的算术平均值	＜限值×1.0 [(2)]	＜声明值×1.04
第三次试验	三次试验结果的算术平均值	＜限值×1.0 [(2)]	＜声明值×1.04

注：（1）如果 OVC-HEV 车辆的Ⅰ型试验电量消耗模式需要两个或者两个以上 WLTC 时，应该用 1.0 取代 0.9；
（2）每次试验结果都应满足标准限值要求。

若测试结果满足表 4-1 的要求，CO_2 型式检验结果采用生产企业提交的 CO_2 声明值，则需要将测试得到的各速度段的 CO_2 排放结果（g/km）的算术平均值乘以调节因子 CO_2_AF 测试得到的各速度段的 CO_2 排放结果。

若算术平均结果不满足表 4-1 中的要求，CO_2 型式检验结果应采用 3 次试验结果的算术平均值，或经生态环境主管部门同意可采用第一次或第二次试验后实测的最大值作为 CO_2 信息公开值。

当修正后的排放测试结果和 CO_2 排放测试结果均满足表 4-1 时，试验结束。

4.1.2.13　原始记录和检验报告的出具

根据试验结果编写原始记录，并将试验照片、试验报告进行汇总，整理后出具检测报告。

4.1.2.14　Ⅰ型排放测试流程图

Ⅰ型排放测试流程见图 4-1。

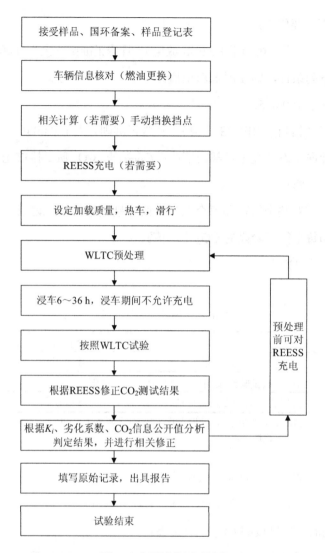

图 4-1 Ⅰ 型排放测试流程

4.1.3 混合动力电动汽车的特殊要求

特殊要求适用范围包括 NOVC-HEV、OVC-HEV（包含增程式电动汽车）。混合动力电动汽车 Ⅰ 型试验应进行有效性判定。如果 ΔREESS$_{CS}$ 为负，REESS 处于放电且整个循环修正标准 c 大于 0.01，则排放测试结果无效，其中针对 OVC-HEV 车辆应对其 CS 测试进行有效性判定。

应对混合动力车辆的动力电池和蓄电池同时进行电量测量，电流钳方向与电流方向相反，采样频率不低于 20 Hz。

4.1.3.1　OVC-HEV 车辆

生产企业还应向检测机构提供 CD 模式和 CS 模式下的 CO_2 声明值,以及动力电池额定电压。

OVC-HEV 车辆进行测试时测试顺序有 4 种排列组合供参考,生产企业可与检测机构沟通,但试验方案必须包括至少一次完整的 CD 模式和 CS 模式测试试验。

(1) CD 模式测试。

①应按照 GB 18352.6—2016 附录 RF 选择模式进行测试。

②预处理:车辆应至少行驶一个 WLTC 循环以完成内燃机预处理。在预处理时,应同时测量 REESS 的电平衡状态。当符合电量变化小于循环需求能量 4%的终止判定条件时,在 WLTC 结束时终止预处理。

③滑行:与传统车保持一致。

④浸车:车辆浸车应根据 GB 18352.6—2016 附录 C.1.2.7 进行。

⑤充电:REESS 应在 GB 18352.6—2016 附录 C 中规定的环境温度下,使用下列方式之一进行充电,当车载或外部仪器显示 REESS 已完全充电时,判定为充电完成。车载充电器(如装有);或由生产企业建议的外接充电器,使用正常充电模式。上文所述的充电程序不包括任何自动或手动启动的特殊充电程序,如均衡充电模式或维护模式。生产企业应声明,在测试过程中没有进行特殊充电程序。

⑥排放测试。

分析仪标定:分析仪可在整个电量消耗模式 I 型试验前和试验后进行校准和零点检查。

电量消耗模式 I 型试验应包含多个连续的循环,循环之间浸车时间应小于 30 min。

浸车期间应关闭动力传动系统,且外部电源不得对 REESS 进行充电。根据 GB 18352.6—2016 附录 RC,不允许在浸车期间关闭任何 REESS 的电流电压测试仪器。如果使用的是按时积分设备,则应在浸车期间保持积分状态。

结束条件:当相对电量变化小于 0.04 时,电量消耗模式 I 型试验达到终止判定条件。

⑦ CD 模式有效性判定。

每个经过劣化系数(修正值)和 K_i 修正后的电量消耗模式 I 型测试循环排放都应符合 GB 18352.6—2016 附录 C.1.1.2 排放限值要求。

按照 GB 18352.6—2016 附录 R.6.1.2 计算的 CD 模式下 CO_2 综合排放值应小于企业声明值的 1.04 倍。

CD 模式下的 CO_2 不需根据 GB 18352.6—2016 附录 C.1.1.2.4 的方式进行修正。

（2）CS 模式测试。

①按照 GB 18352.6—2016 附录 RF 选择模式进行测试。

②车辆应至少行驶一个 WLTC 循环以完成内燃机预处理。在预处理时，应同时测量 REESS 的电平衡状态。当符合电量变化小于循环需求能量 4%的终止判定条件时，终止预处理。

③滑行：与传统车保持一致。

④预处理结束后不得对车辆进行充电操作。

⑤浸车：车辆浸车应根据 GB 18352.6—2016 附录 C.1.2.7 进行。

⑥排放测试：车辆应根据 GB 18352.6—2016 附录 C 描述的 I 型试验程序进行测试。

⑦试验有效性判定。

a．排放有效：经过劣化系数（修正值）和 GB 18352.6—2016 表 R.3 中规定的相应 K_i 修正过的测试结果应符合 GB 18352.6—2016 附录 C.1.1.2 要求。

b．电量有效：如果 $\Delta REESS_{CS}$ 为负，REESS 处于放电且整个循环修正标准 c 大于 0.01，则排放测试结果无效。

c．CO_2 有效：经过修正的 CS 模式下的 CO_2 应小于企业声明值的 1.04 倍，否则试验无效。

CS 模式下的 CO_2 需要根据 GB 18352.6—2016 附录 C.1.1.2.4 的方式进行修正。

加权排放。按照 GB 18352.6—2016 附录 R.6.1.3 将测得的 CD 模式和 CS 模式下的排放进行加权得到综合排放值，其中 CD 和 CS 的结果均需要经过劣化系数和 K_i 的修正。

对于增程式电动汽车排放试验按照 OVC-HEV 方式开展，有效性判定和 CD 模式终止判定条件待定。

4.1.3.2 NOVC-HEV 车辆

NOVC-HEV 车辆在测试方法上与传统车基本一致，主要区别如下：

电量测量需要对蓄电池和动力电池进行测量。

试验有效性判定：如果 $\Delta REESS_{CS}$ 为负，REESS 处于放电且整个循环修正标准 c 大于 0.01，则排放测试结果无效。

4.2　Ⅱ型试验

4.2.1　试验要求

4.2.1.1　样车和申报信息

生产企业应向检测机构提供试验样车 1 辆，相应车型完成备案的国环附录号、样品参数登记表。同时明确该车型申报是否配备周期性再生系统。在进行 RDE 试验前应完成Ⅰ型试验，并提供Ⅰ型试验 CO_2 排放结果。如果Ⅰ型试验是多次试验通过的，CO_2 排放结果应采用多次试验的平均值。

试验样车可根据生产企业需求进行磨合，并保证机械状况良好。

4.2.1.2　样车核对

检测机构应将对应车型附录进行下载，下载成功后获取车辆备案的主要参数，并在国环监控系统下进行车辆信息核对，试验样车应与国环备案和样品登记表中保持一致，若不一致则不能开始该项目的测试，核对内容包含但不限于以下内容：车辆型号、VIN、发动机型号、发动机编号、轮胎型号、测试质量（备案和样品登记表）、催化器型号、增压器型号（若适用）、氧传感器型号、颗粒捕集器型号（若适用）、ECU 型号、EGR 型号（若适用）。

每次试验前应采用 OBD 通用诊断工具读取 Mode09 文件输出并存储记录试验车辆CAL ID 和 CVN 数据。

4.2.1.3　更换燃油

试验用车辆应采用符合 GB 18352.6—2016 标准的市售燃料。如对试验结果有争议，可以使用基准燃料。

生产企业相应车型即使 RDE 处于监测阶段，也要在检测机构进行相应试验并出具报告，检测机构进行 RDE 试验的试验路线应在生态环境主管部门进行备案。

4.2.2　试验流程

4.2.2.1　接收样品，核查样车

4.2.2.2　更换燃油

4.2.2.3　便携式排放测试系统（PEMS）安装

应按照设备制造商说明书的要求安装 PEMS 设备主体，尽可能减少电磁干扰、灰尘、

电击、振动以及散热不良带来的不利影响。除此之外，在安装 PEMS 设备主体时还应当确保各测量管路的气密性，并尽可能减少加热零部件的热量散失。设备主体的安装位置还应考虑到试验人员在对设备进行必要操作和检查时的便利性。PEMS 设备主体应当使用捆扎带可靠固定，或按照设备制造商要求固定。安装设备时不得阻挡 PEMS 设备的散热风扇。排气采样管路应尽可能布置在车辆外部，以防止车内环境的污染。布置采样管路时，应避免管路弯折或泄漏，也应考虑到过度的拉紧固定可能会在有振动的条件下损坏采样管路。排气采样管路应采取必要的保温措施，确保采样系统的热稳定性。

对 RDE 测试，需要借助一台排气流量计测量排气流量，使用排气流量计的量程范围应与 RDE 测试过程中预期的排气流量变化范围相匹配。选择排气流量计量程时，请参考 PEMS 设备的使用说明书。

无论何时使用，都应当按设备制造商推荐的方式将排气流量计与车辆排气管连接，安装排气流量计后不应改变发动机排气的性质和成分，也不应大幅增加车辆排气管的长度，或引起排气背压的升高。建议在安装排气流量计后，排气背压的升高幅度不超过 20 mbar①。排气管段中不得出现死弯，任何弯折都应保证有足够的曲率（90°角的死弯可能会影响排气流量的正确读数）。为避免损坏发动机或对排气后处理装置产生不利影响，在排气流量测量元件的上游和下游应设置长度至少 4 倍于管道直径或 150 mm（取长度较大者）的直管段。在安装排气流量计时，可能根据车辆排气系统的类型和排气温度的估计值采用不同的解决方案。可采用法兰-卡箍连接方式，在排气管末端和排气流量计的入口处分别焊接一片法兰，安装时使用卡箍压紧法兰，在两片法兰之间设置密封垫片，以尽可能减少排气泄漏。也可采用硅胶管连接排气流量计和排气管，但要注意尽量减少硅胶管与排气直接接触，避免新硅胶管在与高温排气接触时产生出新的颗粒物。为避免过热带来的危害，排气流量计出口不得朝向车辆轮胎或其他车辆零件。

注意事项：在第一个测试循环开始前和各个测试循环的间歇时段，都应该对排气流量计的连接件和紧固程度进行目视检查。皮托管流量计的上游和下游应设置长度至少 4 倍于皮托管直径或 150 mm（取长度较大者）的直管段。排气流量计应安装在排气消声器（如果有）之后，以消除排气脉动对测量结果的不利影响。排气管路出口段应平行或略低于车辆尾管，以免冷凝水回流影响 EFM 测量结果，或过度增加排气出口处的静压力。排气管路应与车辆进行良好的固定，避免排气管路及流量计晃动颠簸造成测量不准或仪器损坏。安装完成后应对排气管路所有连接处气密性进行检查（如在怠速状态下封堵排气

---

① 1 bar=10^5 Pa。

管路出口，用肥皂水检查连接缝隙密封情况）。建议对皮托管出口处采取保温措施，以防止水蒸气在低温条件下发生凝结。排气流量计应安装在不妨碍车辆重要功能的位置上，如更换备用轮胎或备用保险等，这些应急措施可能会在实际道路上被使用。在正式 RDE 测试中，如果遇到需要更换备用轮胎或备用保险的情况，本次 RDE 测试结果按无效处理。对采用双排气管布置的车辆，建议使用 Y 形管将全部排气汇集后送入排气流量计进行测量。对采用多排气歧管布置的多缸发动机进行测试时，建议将排气流量计放置在排气汇集处的下游，并且增加管路汇集处的体积，如在与汇集处相当或更大体积的位置进行采样。如果上述方法不可行，可考虑使用多个排气流量计同时测量。建议在安装完成排气流量计后进行拍照记录。

GPS 天线应当安装在可及的车辆最高点位置处，但应注意避免在实际道路行驶过程中与其他障碍物发生碰撞。GPS 天线既可以借助磁铁吸附在车身上，也可以借助其他固定装置安装。

ECU 通信线缆的准备可以借助与发动机 ECU 或者车辆网络相连的数据记录器读取并记录相关车辆和发动机参数（车速、转速、水温等），如果数据记录器无法获得上述参数，则车辆制造商应公开用于正确识别获取上述信息的数据标签。安装线缆时应尽可能避免与车上人员和设备间的干涉。此外，用于通信连接的部件应正确固定在测试车辆的驾驶室内，避免过高的湿度、振动和高温的影响。

为满足整套 PEMS 系统的用电需求，建议使用可重复充放电的电池组供电，可使用玻璃纤维隔板（AGM）电池、胶体电池或锂离子电池，电池组的质量应尽可能轻。尽管电池组在体积、质量和灵活性上并不具有显著的优势，但对轻型车测试，电池组是唯一的选择，考虑到排气和噪声的影响，不建议使用发电机作为电源。电池组必须牢固地固定在被测车辆上，建议使用捆扎带将电池组与车辆底盘部件牢固连接。

气象站应安装在车外不易受到气流直吹和杂质污染的位置上。气象站的安装位置应当尽可能地靠近发动机进气位置。气象站中的温度传感器应当远离有可能使其获得外部加热的位置，如避免阳光直晒、发动机排气及其他热气流出口。在选择大气压力传感器的安装位置时，应尽可能避免气流作用对测量带来的不利影响。

将加热采样管的采样探头与布置在排气流量计管路上的采样口连接，将加热采样管的气体出口与 PEMS 设备上的进样系统入口相连接。不得改变加热采样探头的长度，或对其进行改装，这会改变整个采样系统的时间延迟。当将 PEMS 系统的主体部分放置车内时，建议将采样管从车辆侧窗或后备厢门引入车内。当 PEMS 设备安置在车外时，可采取合理的布置方式固定采样管，应尽可能减少对驾驶员视线的阻碍并降低空气阻力。

确保对加热采样探头采取合理的保温措施，特别是在各管路连接处，包括排气流量计和分析仪的连接处，应避免在采样管路中出现冷点，从而避免气体凝结和蒸发带来的测量误差。

其他管线与管路连接按设备说明书要求，连接其他线缆和管路。连接线缆时，应避免剪线和打结，同时应确保线缆未被拉紧，以防止车辆振动或车身与底盘间的相对运动造成的损坏。

注意事项： RDE 测试的基本载荷和附加载荷的总和不得超过车辆最大载荷的 90%。车辆最大载荷为 GB 18352.6—2016 附录 CC 中 CC.2.1.5 车辆最大负载：指设计最大许用装载后质量减去基准质量再减去选装装备质量后的质量。PEMS 设备安装完成后，直到 RDE 试验结束，其间需保持 PEMS 安装状态不改变。

4.2.2.4　PEMS 验证试验

PEMS 验证试验通过 PEMS 结果和传统的 CVS 结果的对比，可以保证仪器处于正常的安装和工作状态。国六标准 RDE PEMS 验证试验为建议项，因此在 RDE 开始前需确认是否进行 PEMS 设备验证试验。若进行 PEMS 验证试验，建议将其安排在 RDE 试验前，确保 RDE 测量结果的准确性。验证试验无须为标准的 Ⅰ 型试验，可以使车辆适度冷却（如 2～3 h 冷却至水温 60～70℃）后，按照 WLTC 工况进行试验即可。即使是试验中的速度曲线公差超出了 GB 18352.6—2016 附录 C.1.2.6.6 中的要求，只要生产厂家和测试机构能够接受即可。进行 PEMS 验证试验的，验证试验结果要体现在检验报告中。

检验机构温度应控制在 23℃±5℃。在验证试验开始前进行 PEMS 的预实验程序，具体步骤：

（1）连接检查

仪器设备上电前，通过目视和触摸的方法检查所有接头，确认没有松动，振动通常会导致接头松动。

（2）检查 PEMS 供电电源的电量状态

（3）给主软件系统上电

建议按 PEMS 制造商所提供的关于软件初始化的说明书进行操作，以确保所有测试仪器能够正常工作。

（4）启动主单元并进行稳定

按设备供应商的说明书，打开 PEMS 系统，进行预热。正式试验前，压力、温度和流量等主要参数应达到设定的工作点。此时系统不应出现错误或者警告信息。

（5）分析仪吹扫

采样系统，包括采样探头和采样管线，也应该按设备供应商说明书的要求进行准备，应该对分析仪进行吹扫，确认采样系统是干净的，没有被水汽污染。

（6）分析仪泄漏检查

应该按照设备供应商推荐的泄漏检查程序，或者按下列程序进行检查：断开分析仪采样探头，堵住端头，开启分析仪采样泵，如果没有泄漏，经过一段初始稳定期后，流量计读数应该接近 0，否则应该检查采样管，修理故障。真空侧的泄漏率应该低于该系统实际使用流量的 0.5%。可以根据分析仪流量和旁通流量估算实际使用流量。作为一种替代方法，可以将系统压强抽空到至少 20 kPa 真空度（80 kPa 绝对压强），初始化稳定周期过后，系统中的压强升高应当满足 GB 18352.6—2016 附录 DA.3.1 的要求。

（7）分析仪零点检查

每次试验前，均应使用零标准气体对分析仪进行检查，结果应满足标准要求。使用经高效空气净化器（HEPA）过滤后的空气对 PN 分析仪进行零点试验。最后的浓度应该满足设备供应商的要求，但是不能高于 5 000 个/cm^3。

（8）分析仪的量距点标定

每次试验前，均应使用标准气体对分析仪进行量距点检查。标准气体浓度应与排放试验过程中可能遇到的污染物浓度相匹配，应按照设备供应商推荐的标准气体浓度对分析仪进行量距点标定。

（9）零点检查和量距点检查数据存档

每次 PEMS 试验前后，都需将零点和量距点检查结果存档，包括所使用的标准气体详细情况。

（10）清洗排气流量计

试验前应按照 EFM 设备供应商的要求吹扫和准备排气流量计，该程序中应该包括清除管线和设备端口的冷凝和沉积物。建议使用以清洁空气或者氮气吹扫压力传感器接头的方式清洗 EFM，可以使用这个反吹程序清除压力管线和压力测量端口中的冷凝和柴油机颗粒。

（11）流量计标定

试验前，应该按设备供应商说明书的要求标定 EFM，建议在启动内燃机之前，进行 EFM 零流量目视检查，并在 PEMS 数据记录中进行校正。

（12）切换到蓄电池电源

在试验开始前切换电源，仪器预热过程中，可以使用建筑物提供的 220 V。待车辆推到底盘测功机上并固定后，可切换回建筑物提供的 220 V，也可继续使用蓄电池电源。

（13）检查是否还有足够的存储空间存储数据

（14）检查 ECU 的连接

检查系统是否能够正常读取和显示 ECU 数据。

（15）验证环境温度和湿度传感器

应该用单独的设备测量环境温度和湿度，在试验前与 PEMS 的气象站进行比较。

在不启动发动机的情况下将试验样车推到底盘测功机上并固定。

关闭发动机盖。发动机启动前，将连接管连接到试验车辆排气管路出口处[排气管路从车辆排气出口开始，经过流量计和污染物采样点，到流量计下游长度至少 4 倍于皮托管直径或 150 mm（取长度较大者）的直管段末端为止]。

对底盘测功机和分析仪进行参数设定。按测试循环要求行驶试验汽车开始排放。试验有效性判定：

①如果车辆启动没有成功，或者显示启动错误，试验无效。应重新进行 PEMS 验证试验。

②如果试验过程中发动机意外熄火，试验无效。应重新进行 PEMS 验证试验。

试验结束后关闭发动机，此时 PEMS 应继续记录数据，直到达到取样系统的相应时间。

将车辆移下底盘测功机。

试验后处理

（1）气体分析仪零点和量距气体检查

应该使用标准气体对气体分析仪的零点和量距点进行检查，以评估分析仪的响应漂移，并与试验前的校准结果进行对比。试验前、后分析仪检查结果的差异应符合 GB 18352.6—2016 表 DA.2 的规定要求。

（2）检查颗粒分析仪

使用经 HEPA 过滤后的空气对 PN 分析仪进行零点检查。最后的浓度应该满足设备供应商的要求，但是不能高于 5 000 个/cm^3。

数据分析依据 GB 18352.6—2016 附录 DC.2.2.3 要求进行，在计算 PEMS 测量的 NO_x 排放结果时，应进行湿度修正。

PEMS 验证试验：PEMS 测得的污染物排放与检验机构获得的污染物排放应满足 GB 18352.6—2016 表 DC.1 允许误差的要求，主要为 CO_2、CO、NO_x、PN，如上述结果任何一个允许误差不满足 GB 18352.6—2016 表 DC.1 的要求，则 PEMS 验证试验不通过，应采取校正措施重新进行 PEMS 验证试验。

4.2.2.5　RDE 验证试验

在验证试验开始前进行 PEMS 的预实验程序，具体步骤如下：

（1）连接检查

仪器设备上电前，通过目视和触摸的方法检查所有接头，确认没有松动，振动通常会导致接头松动。

（2）检查 PEMS 供电电源的电量状态

（3）给主软件系统上电

建议按 PEMS 制造商所提供的关于软件初始化的说明书进行操作，以确保所有测试仪器能够正常工作。

（4）启动主单元并进行稳定

按设备供应商的说明书，打开 PEMS 系统，进行预热。正式试验前，压力、温度和流量等主要参数应达到设定的工作点。此时系统不应出现错误或者警告信息。

（5）分析仪吹扫

采样系统，包括采样探头和采样管线，也应该按设备供应商说明书的要求进行准备，应该对分析仪进行吹扫，确认采样系统是干净的，没有被水汽污染。

（6）分析仪泄漏检查

应按照设备供应商推荐的泄漏检查程序，或者按下列程序进行检查：断开分析仪采样探头，堵住端头，开启分析仪采样泵，如果没有泄漏，经过一段初始稳定期后，流量计读数应该接近 0，否则应该检查采样管，修理故障。真空侧的泄漏率应该低于该系统实际使用流量的 0.5%。可以根据分析仪流量和旁通流量估算实际使用流量。作为一种替代方法，可以将系统压强抽空到至少 20 kPa 真空度（80 kPa 绝对压强），初始化稳定周期过后，系统中的压强升高应当满足 GB 18352.6—2016 附录 DA.3.1 的要求。

（7）分析仪零点检查

每次试验前，均应使用零标准气体对分析仪进行检查，结果应满足标准要求。使用经 HEPA 过滤后的空气对 PN 分析仪进行零点试验。最后的浓度应该满足设备供应商的要求，但是不能高于 5 000 个/cm^3。

（8）分析仪的量距点标定

每次试验前，均应使用标准气体对分析仪进行量距点检查。标准气体浓度应与排放试验过程中可能遇到的污染物浓度相匹配，应按照设备供应商推荐的标准气体浓度对分析仪进行量距点标定。

（9）零点检查和量距点检查数据存档

每次 PEMS 试验前后，都需将零点和量距点检查结果存档，包括所使用的标准气体的详细情况。

（10）清洗排气流量计

试验前应按照 EFM 设备供应商的要求吹扫和准备排气流量计，该程序中应该包括清除管线和设备端口的冷凝和沉积物。建议使用以清洁空气或者氮气吹扫压力传感器接头的方式清洗 EFM，可以使用这个反吹程序清除压力管线和压力测量端口中的冷凝和柴油机颗粒。

（11）流量计标定

试验前，应该按设备供应商说明书的要求标定 EFM，建议在启动内燃机之前，进行 EFM 零流量目视检查，并在 PEMS 数据记录中进行校正。

（12）切换到蓄电池电源，在试验开始前切换电源，仪器预热过程中，可以使用建筑物提供的 220 V 电源

（13）检查是否还有足够的存储空间存储数据

（14）检查 ECU 的连接，检查系统是否能够正常读取和显示 ECU 数据

（15）检查 GPS 信号和 GPS 状态

在实验的第 1 秒时，就应该记录 GPS 信号。注意应该避免使试验车辆处于怠速工况，或者花费过长时间等待 GPS 信号，这样可能因为停车时间过长，而导致 RDE 试验无效。

（16）验证环境温度和湿度传感器

应该用单独的设备测量环境温度和湿度，在试验前与 PEMS 的气象站进行比较。

RDE 行驶路线应该满足标准规定的市区、市郊和高速路段距离分配比例、各段最小行驶距离、总行驶时间的要求，行程起始点和结束点海拔高度要求以及累计海拔高度增加量的要求。市区、市郊和高速路段的行驶根据瞬时车速进行划分，试验应按市区—市郊—高速路段的顺序连续进行，试验结果中可以包括试验在相同地点开始和结束的行程。市郊行驶可以被市区（行驶距离很短）行驶中断，高速行驶也可以被市区或市郊（行驶距离很短）行驶中断，如果出于实际试验的限制，需要改变行驶顺序，生产企业应该向生态环境主管部门进行申请。

对于符合《机动车辆及挂车分类》（GB/T 15089—2001）规定且在国六标准适用范围内，速度限制在 90 km/h 以下的 N2 类车和速度限制在 100 km/h 以下的 N1 类车，市郊行驶车速应在 60～80 km/h，高速行驶车速应大于 80 km/h，且高速路段行驶至少应覆盖 80～90 km/h 的车速范围，车速高于 80 km/h 的时间应达到 5 min 以上。对市郊窗口的特征为

车辆平均地面速度应大于或等于 45 km/h 且小于 70 km/h，高速窗口的特征为车辆平均地面速度应大于或等于 70 km/h 且小于 90 km/h，市区、市郊窗口数量分别占总窗口数量的 15%以上，高速窗口数量占总窗口数量的 5%以上时，即认为完成试验。

鉴于当地的交通状况和潜在的交通拥堵状况，建议同时设计多条可选择的路线或者绕行路线。还建议在同一个 RDE 试验行程中，应避免在同一段街道上行驶两次以上。检测机构进行 RDE 试验的试验路线应在生态环境主管部门进行备案。

各种试验参数的采集、测量和记录应该在启动发动机之前就开始进行。为方便进行时间对齐，建议利用同一台设备记录和时间对齐相关的参数，或者使用同步时间标记。在启动发动机之前和之后，应该确认数据记录仪已经记录了所有试验数据。在启动内燃机或者试验行程开始的至少 60 s 前，就应该开始数据采集和记录工作，在车辆整个道路试验期间，数据采集工作应当连续进行。内燃机可能停机和重新启动，但是排放采样和记录工作应该连续进行，在试验行程结束后，至少还应该记录 60 s 的数据。应该记录并检查仪器设备出现的所有"warning"信号，如果试验过程中出现了"error"信号，应判断试验结果无效。数据记录的完整性应该能够达到 99%，在整个行程持续期内，数据测量和记录被中断时间不应大于总行程的 1%，设备 PEMS 原因导致的信号中断丢失时间持续时间不能超过 30 s。可以利用 PEMS 直接记录中断，但是不允许在通过数据前处理、数据交换和后处理过程中人为引入中断。强烈推荐在车辆速度为零时进行 PEMS 的初始化工作。

对 OVC 车辆应从 REESS 电量保持状态开始进行试验，以满足市区段发动机最小累计工作行程 12 km 的要求；RDE 过程中不允许使用车辆电源为 PEMS 供电，但是允许车辆电源为与安全相关的照明装置供电（如牌照灯和安全指示器等）；RDE 试验过程中不允许更改车辆的物理配置（如不允许在 PEMS 试验过程中更改轮胎压力）；在 RDE 测试中，车辆如果出现 OBD 故障警示，应及时停止试验，试验认定失效，待故障排除后重新开始试验；试验车辆应该在铺装的道路上，以正常的驾驶方式和负载进行排放性能试验；如果试验车辆有几个不同的换挡或者驾驶模式，RDE 试验可以在除特殊模式（维修模式或牵引模式）以外的任何模式下进行试验，建议使用主驾驶模式进行试验；应该按消费者在实际道路上正常行驶方式设置空调系统和其他附属设备，应避免不适当使用空调系统，如不应在开空调的同时打开车窗，避免刻意的、不符合日常客户驾驶习惯的加速行为，以及减少 RDE 驾驶过程中驾驶员依据相对正加速度（RPA）实时显示改变驾驶习惯。RDE 试验时，有用的所有原装附件都是允许使用的，自动关闭的电子附件（指后窗加热、镜加热等），只有出于安全驾驶的原因才可启动；按照制造商的规定，试验前应检查和调整轮胎压力。

4.2.2.6 试验后处理

（1）气体分析仪零点和量距气体检查

应该使用与本书 4.2.2.5 中相同的标准气体对气体分析仪的零点和量距点进行检查，以评估分析仪的响应漂移，并与试验前的校准结果进行对比。试验前、后分析仪检查结果的差异应符合 GB 18352.6—2016 表 DA.2 的规定要求。

（2）检查颗粒分析仪

使用经 HEPA 过滤后的空气对 PN 分析仪进行零点检查。最后的浓度应该满足设备供应商的要求，但是不能高于 5 000 个/cm^3。

4.2.2.7 试验有效性判定

根据 GB 18352.6—2016 附录 DD 进行排放量计算，依据 GB 18352.6—2016 附录 DE 进行窗口计算，依据 GB 18352.6—2016 附录 DG 进行行程动力学校验，依据 GB 18352.6—2016 附录 DH 进行累计正海拔高度增加量计算。判断试验温度、海拔、时间、里程、行程占比、平均车速、停车时间、窗口正常性/完整性、行程动力学、市区、行程污染物排放等是否符合法规要求。若由于检测机构原因导致试验无效（如窗口或行程动力学不满足要求，试验中温度或海拔超过法规允许范围等），则进行浸车，然后再重复进行试验，其间保持 PEMS 安装状态不改变；若由于车辆原因导致试验失败（排放超标、车辆故障等），需在厂家重新确认车辆状态后再重复试验。

对 OVC-HEV 车辆，依据 GB 18352.6—2016 附录 DG 进行行程动力学校验，依据 GB 18352.6—2016 附录 DH 进行累计正海拔高度增加量计算，依据 GB 18352.6—2016 附录 DI.5 进行 RDE 结果计算。判断试验温度、海拔、时间、里程、行程占比、平均车速、停车时间、市区发动机运行里程、行程动力学、市区、行程污染物排放等是否符合法规要求。

对于 NOVC-HEV 车辆，根据 GB 18352.6—2016 附录 DD 进行排放量计算，依据 GB 18352.6—2016 附录 DE 进行窗口计算，依据 GB 18352.6—2016 附录 DG 进行行程动力学校验，依据 GB 18352.6—2016 附录 DH 进行累计正海拔高度增加量计算。需要注意的是，应该在内燃机着火点开始进行窗口计算，当车辆试验过程中发动机熄火，在用移动平均窗口法处理数据时，应考虑这段行程使用纯电行驶的数据，以避免 RDE 试验结果的正常性验证难以通过。

4.2.2.8 试验结果判定

RDE 结果报告中，应分别以 g/km（mg/km）、个/km 表示出气态污染物和 PN 的试验结果，同时应使用该试验结果除以相应阶段的排放限值计算出符合性因子结果。

在 2023 年 7 月 1 日前仅监测并报告结果，在 2023 年 7 月 1 日之后，当 RDE 试验结果经 K_i 修正后市区和总行程污染物排放小于 GB 18352.6—2016 中规定的符合性因子的乘积时，试验结束。拆除 PEMS 设备，恢复车辆的初始状态。

对于原始记录和检验报告的出具，生产企业相应车型即使 RDE 处于监测阶段，也要在检测机构进行相应试验并出具报告。检测机构应根据试验结果编写原始记录，并将试验照片、试验报告进行汇总，整理后出具检测报告。

4.2.2.9　RDE 试验流程图

RDE 试验流程见图 4-2。

图 4-2　RDE 试验流程

4.3　Ⅲ型试验

4.3.1　一般要求

所有汽车均应进行此项试验。对两用燃料车，仅对燃用汽油进行试验。对混合动力电动汽车，使用纯发动机模式进行试验。

试验应按 GB 18352.6—2016 附录 E.3.2 规定的运转工况进行试验。如果不能按工况 2 或工况 3 进行试验，其中工况 3 的测功机吸收功率设定值为 2 号工况底盘测功机设定值乘以 1.7。如果不能按工况 2 或工况 3 进行试验，应选择另一稳定车速（发动机驱动）进行Ⅲ型试验。

按 GB 18352.6—2016 附录 E 进行试验时，不允许发动机曲轴箱通风系统有任何污染物排入大气，对没有采用曲轴箱强制通风系统的汽车，Ⅰ型排放试验过程中，应将曲轴箱污染物引入 CVS 系统，计入排气污染物总量。

4.3.2　试验要求

应保证试验车辆参数与备案一致，试验前应采用 OBD 通用诊断工具读取 Mode09 文件，输出并存储记录试验车辆 CAL ID 和 CVN 数据。

Ⅲ型试验在已经进行了Ⅰ型试验的汽车上进行。根据 GB 18352.6—2016 附录 E.3 要求，样车在三项发动机运转工况下确认曲轴箱的通风情况。

发动机的缝隙或孔应保持原状。

在适当位置测量曲轴箱内的压力，例如，在机油标尺孔处使用倾斜式压力计进行测量。

如果在 GB 18352.6—2016 附录 E.3.2 规定的各运转工况下，测得曲轴箱内压力均不超过测量时的大气压力，则认为汽车曲轴箱污染物排放满足要求。

如果在 GB 18352.6—2016 附录 E.3.2 规定的某一运转工况下，在曲轴箱内测得的压力超过大气压，若生产企业提出要求，则进行 GB 18352.6—2016 附录 E.6 规定的追加试验。

4.4　Ⅳ型试验

4.4.1　试验要求

4.4.1.1　样车和申报信息

生产企业应向检测机构提供试验样车 1 辆，相应车型完成备案的国环附录号、样品参数登记表，同时明确该车型申报劣化系数。

4.4.1.2 样车核对

检测机构应将对应车型附录进行下载,以获取车辆备案的主要参数,并在国环监控系统下进行车辆信息核对,试验样车应与国环备案和样品登记表中保持一致,若不一致则不能开始该项目的测试,核对内容包含但不限于以下内容:车辆型号、VIN、发动机型号、发动机编号、轮胎型号、测试质量(备案和样品登记表)、油箱盖型号、炭罐型号。

试验前应采用 OBD 通用诊断工具读取 Mode09 文件,输出并存储记录试验车辆 CAL ID 和 CVN 数据。

4.4.2 试验流程

4.4.2.1 接收样品,核查样车

4.4.2.2 对试验车辆进行清洗

4.4.2.3 放油和加油至油箱标称容积的 40%

放油即打开燃油箱盖,采用抽油机、放油阀或者继电器短接等方式放尽汽车上所有燃油箱内的燃油(其他放油方式是允许的,但要避免人为对汽车上蒸发控制系统进行脱附和吸附)。

加油至油箱标称容积的 40%即使用加油小车向车辆加入油箱标称容积的 40%±0.5 L 的燃油,燃油温度为 18℃±8℃(非 NIRCO),对于非整体仅控制加油排放炭罐系统(NIRCO)的汽车,应加入温度为 24℃±2℃的燃油。加油完成后,在 1 min 内盖上所有油箱盖。

4.4.2.4 浸车

将汽车移至温度为 23℃±3℃的浸车区,关闭燃油箱盖,在此浸车 6～36 h。

4.4.2.5 预处理行驶

将车辆移至底盘测功机上,按照 GB 18352.6—2016 附录 CA 规定的 I 型试验用测试循环完成一次低速、一次中速和两次高速。对于混合动力汽车(非 NIRCO 的 OVC 车辆除外),应在主模式下重复进行此循环的行驶,直至电池达到电量保持模式,并完成本次完整的试验循环后,即可结束。非 NIRCO 的 OVC 车辆预处理行驶完成后,应将电池进行车外充电到电荷最高水平状态,也可不进行预处理行驶,直接将电池进行车外充电到电荷最高水平状态。

预处理行驶期间,应按照 GB 18352.6—2016 附录 C 的要求,使用变速风机吹向车辆。环境温度应在 23℃±5℃。将车辆从底盘测功机移至放油区域,在 2 h 之内,放油和加油至油箱标称容积的 40%。再次放油和加油至油箱标称容积的 40%(装备 NIRCO 的车辆不执行此步骤)。放油和加油过程中,避免人为对汽车上蒸发控制系统进行脱附和吸附。应

加入油箱标称容积 40%±0.5 L 的燃油，燃油温度为 18℃±8℃，并在 1 min 内盖上所有油箱盖。

汽车维持油箱盖关闭，保持周围环境温度为 23℃±5℃。

4.4.2.6　预处理炭罐至临界点（2 g 击穿）

预处理炭罐至临界点（2 g 击穿）（装备 NIRCO 的车辆的流程按 4.4.2.7 进行）如果汽车装有多个炭罐，应按照相同的方法处理每一个炭罐。如果多个炭罐以串联方式连接，可以一起处理；如果多个炭罐并联连接，应单独处理每个炭罐。

以丁烷流量为 40 g/h 的速率吸附 50%容积丁烷和 50%容积氮气的混合气体，当炭罐脱附口累计排放出 2 g 碳氢化合物时，即为 2 g 击穿。

如果使用密闭室加载丁烷，应将车辆发动机熄火置于密闭室内。测试前，打开密闭室内风扇，吹扫至背景浓度稳定，然后进行零点和量距标定。准备炭罐用于吸附丁烷，如需要，可将炭罐移至易于操作的位置，但不应从车上拿下，除非炭罐在正常位置难以进行吸附操作。如需卸下炭罐，操作时应特别小心，防止损坏零部件和燃油系统的完整性。可在油箱处临时连接一个辅助炭罐，如果采取防止油箱受压的措施，可堵住燃油箱口，不必使用辅助炭罐。

以丁烷流量为 40 g/h 的速率吸附 50%容积丁烷和 50%容积氮气的混合气体。测量密闭室内碳氢化合物达到 2 g 时，立即关闭丁烷和氮气的气源。重新连接炭罐与油箱的连接管路使车辆恢复到正常状态。

对于吸附丁烷的其他方法，炭罐 2 g 击穿可用称量辅助炭罐的方法来确定，辅助炭罐连接到原始炭罐的空气口。辅助炭罐质量增加即可决定炭罐 2 g 击穿点。准备炭罐用于吸附丁烷，如需要，可将炭罐移至易于操作的位置，但不应从车上拿下，除非炭罐在正常位置难以进行吸附操作。如需卸下炭罐，操作时应特别小心，防止损坏零部件和燃油系统的完整性。可在油箱处临时连接一个辅助炭罐，如果采取防止油箱受压的措施，可堵住燃油箱口，不必使用辅助炭罐。

在与原始炭罐连接前，应将辅助炭罐脱附，去除残留的碳氢化合物。以丁烷流量为 40 g/h 的速率吸附 50%容积丁烷和 50%容积氮气的混合气体。一旦辅助炭罐重量增加 2 g，立即关闭丁烷和氮气的气源。重新连接炭罐与油箱的连接管路使车辆恢复到正常状态。

4.4.2.7　装备 NIRCO 汽车的炭罐预处理

预处理炭罐至 2 g 击穿，车辆预处理后 2 h 内，按照本书 4.4.2.6 的流程将炭罐进行预处理。炭罐脱附使用检验室空气，以 25 L/min±5 L/min 的速率将炭罐进行 300 倍有效容积的脱附。

可将炭罐从车上取下进行台架脱附。此时应临时使用辅助炭罐连接到油箱。台架脱附完毕，取下辅助炭罐，装回原始炭罐使燃油系统恢复正常。

放油和加油至油箱标称容积的 95%，或给炭罐加载放油和加油过程中等量的丁烷，应防止人为对车上蒸发控制系统进行脱附或吸附操作。打开油箱盖，放尽油箱内所有燃油。所有燃油箱加入符合规范的汽油，加油量为油箱标称容积的 95%±0.5 L，加油结束后在 1 min 内关闭所有油箱盖。汽车加油区应保持 23℃±5℃ 的温度。

经生态环境主管部门核准，生产企业可使用加载放油和加油过程中等量的丁烷来代替上述放油过程。生产企业须提交数据证明加载丁烷量等效于 95%加油炭罐加载量。此过程中若涉及炭罐称重，炭罐在加载丁烷之前可从车上拆下。

放油和加油至油箱标称容积的 40%，加油和放油过程中，应防止人为对车上蒸发控制系统进行脱附或吸附，完成后 1 h 内，断开油箱与炭罐的所有连接，打开油箱盖，放尽油箱内所有燃油。所有燃油箱加入符合规范的汽油，加油量为油箱标称容积的 40%±0.5 L，加油结束后在 1 min 内关闭所有油箱盖，并重新连接炭罐至工作状态。

4.4.2.8　高温浸车

完成本书 4.4.2.6 和 4.4.2.7 后，在 1 h 内将车辆移至高温浸车区浸车 12～36 h，并打开车窗，要求浸车区温度为 38℃±2℃。

热浸开始前，应使用一个管道，将炭罐空气口通到浸车区外的安全地方，或使用一个辅助炭罐连接到炭罐空气口，操作时应避免给加油系统增加阻碍。

4.4.2.9　高温底盘测功机试验

移除连接的管道或辅助炭罐，确定原始炭罐恢复到正常工作状态。在 10 min 内将车辆从高温浸车区移至底盘测功机，要求环境温度为 38℃±2℃。按照 GB 18352.6—2016 附录 CA 规定的测试循环，依次完成一次低速、2 min 怠速、一次中速、2 min 怠速、一次高速、2 min 怠速、一次高速、2 min 怠速。进行高温底盘测功机试验时，对具备怠速启停功能可以强制关闭的应在关闭怠速启停功能后进行试验，不能采取强制关闭怠速启停功能的，允许车辆在空挡状态下完成试验。行驶期间应使用 GB 18352.6—2016 附录 C 规定的变速风机吹向车辆。高温行驶前，混合动力车的状态应符合表 4-2 的规定。

表 4-2　高温底盘测功机行驶期间电池操作模式

蒸发排放控制系统	汽车类型	进入高温行驶时的电池电荷状态
整体系统及双炭罐非整体系统	NOVC-HEV	经过测试循环全周期低速+中速+高速，电池达到电量保持情况
	OVC-HEV	车外充电到电池电荷最高水平状态

蒸发排放控制系统	汽车类型	进入高温行驶时的电池电荷状态
NIRCO	NOVC-HEV	经过测试循环全周期低速+中速+高速+高速，电池达到电量保持情况
	OVC-HEV	经过测试循环全周期低速+中速+高速+高速，电池达到电量保持情况

注：表中给出了型式检验试验时的电池电荷要求，生态环境主管部门可以在该车间的任何电池电荷充电状态（最高、最低和在其中间的任何点）执行型式检验确认以及在用符合性测试。

将汽车移至底盘测功机区。打开车内空调，如果是自动空调系统和内循环模式（如果有此配置），将温度设定为 22℃，否则设定空调为 A/C 模式，并选择最大风扇挡位（如果有此配置）。将空调设置为内循环模式（如果有此配置），选择最大风扇设置并将温度打到最低。

整个循环中，环境温度应维持在 38℃±2℃。完成循环后，立即关闭发动机。将车辆以最低的油门开度或手动方式移动到密闭室完成热浸试验。

对于 NIRCO 汽车，生产企业要以不同的测试或工程判断方法证明在完成本书 4.4.2.9 规定的行驶之后的 10 min 内，油箱盖取下后，油箱内的油气不会被排放到大气中。

4.4.2.10　热浸试验

试验完成之前，打开密闭室内风扇，对密闭室内进行吹扫，直至密闭室内碳氢化合物浓度稳定。试验开始前，需将分析仪进行零点和量距标定。密闭室内初始温度为 38℃±2℃。

完成试验循环后发动机熄火后的 7 min 内，将车辆移入密闭室。汽车进入密闭室前，应确保发动机熄火，确认行李箱及车窗已经打开，将发动机熄火时刻记录在数据记录系统上，并记录开始时密闭室内温度。

热浸时间为 60 min±0.5 min 关闭密闭室门之后，应保证密闭室内温度为 38℃±5℃，5 min 之后的时间内，密闭室内温度应为 37℃±4℃。测量并记录试验初始碳氢化合物浓度、温度、大气压强，用于蒸发污染物排放计算。

热浸试验结束之前，应对碳氢化合物分析仪的零点和量距进行标定。热浸试验结束之后，测量并记录此时的碳氢化合物浓度、温度、大气压强，用于蒸发污染物排放计算。

4.4.2.11　常温浸车

热浸试验结束的 2 h 内，车辆不启动发动机，移动至 20℃±2℃ 的环境中浸车 6~36 h。车辆不启动发动机，移动到密闭室，准备昼夜换气试验。常温浸车试验也可在密闭室内进行，试验时需要在热浸结束后 2 h 内，将密闭室内温度降至 20℃±2℃，并维持此温度。

4.4.2.12　昼夜换气试验

按照 GB 18352.6—2016 附录 FB 规定的环境温度变化曲线，对车辆进行两次循环的试验。温度变化循环中任何时刻的最大偏差不应超过±2℃，每次偏差的绝对值计算，偏离规定温度曲线的平均值应在 1℃ 以内。至少每分钟测量一次环境温度，从 T_0 时刻开始温度循环。

试验开始前，打开密闭室内风扇进行吹扫，直至碳氢化合物浓度稳定。试验开始前，应对分析仪进行零点标定和量距标定。每次取样前，同样对分析仪进行零点标定和量距标定。

车辆进入密闭室，应保证发动机熄火，车窗、行李箱保持开启状态。关闭并密封密闭室门，调整风扇，使汽车燃油箱下空气流速为 8 km/h。关闭密闭室舱门后 10 min 内进行碳氢化合物、温度和大气压强的测量，此时记为 T_0 时刻。

第一次温度循环 24 h ± 6 min 结束后，记录此时经历的时间、碳氢化合物浓度、温度、大气压强，用于后续的计算。

第二次温度循环 24 h ± 6 min 结束后，记录此时经历的时间、碳氢化合物浓度、温度、大气压强，用于后续的计算。

4.4.2.13　计算

根据热浸和昼夜换气试验，进行碳氢化合物的计算。以碳氢化合物、密闭室温度和大气压强的初始和终了值，以及密闭室净容积，计算出各阶段的蒸发排放量。

热浸试验：

$$M_{HC,HS} = k \times V \times 10^{-4} \left(\frac{C_{HC,f} \times P_f}{T_f} - \frac{C_{HC,i} \times P_i}{T_i} \right) + M_{HC,出} - M_{HC,入}$$

昼夜换气试验：

$$M_{HC,24} = k \times V \times 10^{-4} \left(\frac{C_{HC,24} \times P_{24}}{T_{24}} - \frac{C_{HC,i} \times P_i}{T_i} \right) + M_{HC,出} - M_{HC,入}$$

$$M_{HC,48} = k \times V \times 10^{-4} \left(\frac{C_{HC,48} \times P_{48}}{T_{48}} - \frac{C_{HC,24} \times P_{24}}{T_{24}} \right) + M_{HC,出} - M_{HC,入}$$

式中：M_{HC}——碳氢化合物质量，g；

$M_{HC,出}$——用定容积密闭室进行热浸或昼夜换气试验，从定容积密闭室排出的碳氢化合物质量，g；

$M_{HC,入}$——用定容积密闭室进行热浸或昼夜换气试验，进入定容积密闭室的碳氢化合物质量，g；

C_{HC}——密闭室内碳氢化合物浓度，10^{-6}（容积）C（单碳）当量；

V——经汽车容积（车窗和行李箱打开）校正后的密闭室净容积，如果未确定汽车容积，则密闭室净容积为密闭室总容积减去 1.42 m^3，m^3；

T——密闭室内环境温度，K；

p——大气压，kPa；

H/C——氢炭比；

k——1.2×（12+H/C）；

i——初始读数；

f——终了读数；

HS——热浸；

24——第一个 24 h 读数；

48——第二个 24 h 读数（初始读数后 48 h 取得）；

对于昼夜换气试验损失，H/C 取 2.33；

对于热浸损失，H/C 取 2.20。

汽车碳氢化合物蒸发排放总量为

$$M_{总}=M_{D1}+M_{HS}$$

式中：$M_{总}$——汽车蒸发排放碳氢化合物总质量，g；

M_{D1}——昼夜换气试验时碳氢化合物排放质量，g（$M_{HC,24}$ 和 $M_{HC,48}$ 中的较大值作为 M_{D1}）；

M_{HS}——热浸试验时碳氢化合物排放质量，g。

4.4.2.14 试验结果报告

根据得到的汽车蒸发排放碳氢化合物总质量（$M_{总}$），需要在蒸发排放系统型式检验时报告此结果，试验结果以"g"为单位，修约至比限值多一位小数位数。

4.4.2.15 Ⅳ型试验流程图

装备整体炭罐、非整体炭罐系统（NIRCO 除外）汽车的蒸发污染物排放测定规程流程见图 4-3。

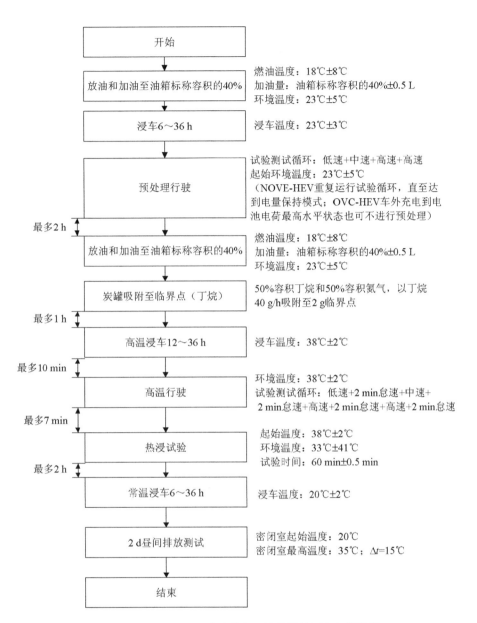

图 4-3 NIRCO 除外蒸发污染物排放测定规程流程

装备非整体仅控制加油排放炭罐系统（NIRCO）汽车的蒸发污染物排放测定规程流
程见图 4-4。

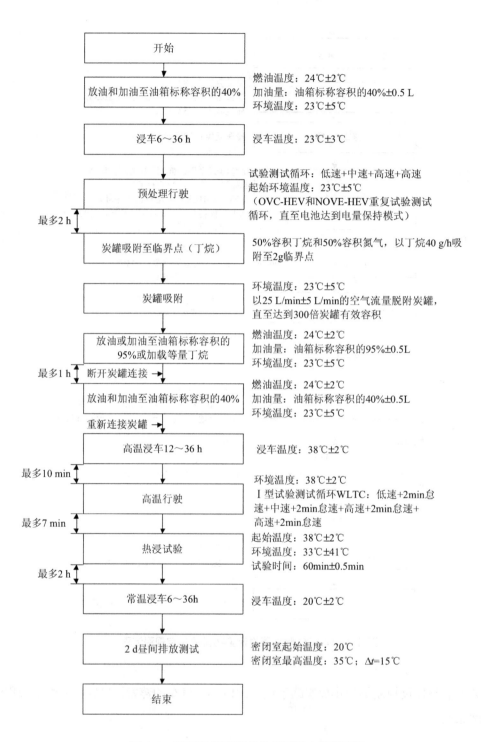

图4-4 NIRCO 蒸发污染物排放测定规程流程

4.5　V 型试验

4.5.1　排放耐久性试验

如果生产企业使用标准规定的劣化系数（修正值），可不进行此项试验，同时可以不进行催化器贵金属含量和催化器体积检测。

劣化系数（修正值）的使用和变更。对于使用标准规定的劣化系数（修正值）、通过型式检验的车型，如生产企业提出书面申请，可以用实测得到的劣化系数（修正值）替代标准规定的劣化系数（修正值），应在信息公开 1 年之内完成申请表的变更，并变更型式检验报告。

两用燃料车仅对气体燃料进行此项试验。

可外接充电的混合动力电动汽车（OVC-HEV）在里程累积试验期间，允许储能装置在 24 h 内进行两次充电。有手动选择行驶模式功能的可外接充电的混合动力电动汽车，里程累积试验应该在打开点火开关后自动设定的模式（主模式）下进行。为了连续里程累积的需要，在里程累积试验期间，允许转换到另一种混合模式。排放污染物的测量应该在与 I 型试验中规定的相同条件下进行。

有手动选择行驶模式功能的不可外接充电的混合动力电动汽车（NOVC-HEV），里程累积试验应该在打开点火开关后自动设定的模式（主模式）下进行。排放污染物的测量应该在 I 型试验中规定的条件下进行。

生产企业可以按 GB 18352.6—2016 附录 G 所述的程序在底盘测功机上或试验场进行耐久性试验，其中国六 a 阶段耐久里程 160 000 km，国六 b 阶段耐久里程 200 000 km（2023 年 7 月 1 日前，耐久里程可为 160 000 km，2023 年 7 月 1 日后，要求耐久里程 200 000 km，但后 40 000 km 允许采用拟合方式）；生产企业也可按 GB 18352.6—2016 附录 G.3 所述的发动机台架老化试验方法进行耐久性试验。

4.5.1.1　整车耐久性试验

生产企业应提交封样申请并提供样车和三套催化器（一套装车进行耐久性试验，一套进行贵金属检测，一套备查），样车应处于良好的机械状态，发动机和污染控制装置应是新的（可采用进行 I 型试验的同一辆车）。检测机构接到样车和催化器后要将车辆参数、催化器参数与环保备案参数进行核对，确保与备案参数一致，然后进行封样。查验样车和催化器的过程以及封样过程要在视频监控下进行。

应使用符合相关标准规定的市售车用燃料进行耐久性试验，污染物排放量的测试也可使用符合 GB 18352.6—2016 附录 K 规定的相应基准燃料。

样车首先在底盘测功机上进行 0 km 排放试验，试验结果要符合相应的排放限值；然后在跑道、道路或底盘测功机上进行里程累积，里程累积循环可选择 AMA、SRC 或者由生产企业提出并经生态环境主管部门认可的其他替代循环。

4.5.1.2　测量污染物排放量

从试验开始（0 km），每隔 10 000 km（±400 km），直到耐久里程终点，应按照 I 型试验的要求测量排气污染物。各项污染物（不经劣化系数和 K_i 修正）要符合相应的限值，CO_2 排放量不做判定。

试验前应采用 OBD 通用诊断工具读取 Mode09 文件输出并存储记录试验车辆 CAL ID 和 CVN 数据。

对于装备了周期性再生系统和强制再生功能的汽车，应在车辆未达到再生阶段的时候进行排放试验。如果车辆处于再生阶段，则应继续驾驶车辆直到完成再生过程。如果在排放试验过程中出现再生过程，则应重新进行试验（包括预处理），且之前的结果不予考虑。

4.5.1.3　劣化系数（修正值）计算

应将所有的排气污染物的测量结果作为行驶距离的函数进行绘图，将行驶距离圆整至最接近的数值，并应利用最小二乘法绘制出连接所有数据点的最佳拟合直线。计算时不应考虑 0 km 的试验结果。

只有在这条直线上的 6 400 km 和耐久里程终点的插值符合 GB 18352.6—2016 规定的相应限值时，数据才可以用于计算劣化系数（修正值）。插值结果应至少保留到小数点后四位，两者相除得劣化系数。结果应修约至小数点后三位。

里程要求 200 000 km 车辆的耐久性劣化系数也可以由 160 000 km 耐久性试验确定的劣化系数外推得到，但须保证外推后的排放数据在标准限值之内。如果劣化系数小于 1，则视其为 1。

如生产企业提出要求，对每一种污染物都可采用加数的排气排放物的劣化修正值（结果应修约至小数点后四位）。如果劣化修正值小于 0，则视其为 0。耐久性试验结束后，由生产企业提出解封申请，检测机构在环保监控下进行解封。

4.5.1.4　点燃式发动机车辆台架老化耐久性试验

燃料要求：同整车耐久性试验。

生产企业提交试验申请时，同时提供样车和三套催化器，检测机构接到样车和催化器后要将车辆参数、催化器参数与环保备案参数进行核对，确保与备案参数一致，然后选择其中一套催化器安装到样车上，在催化器壳体打刻。查验样车和催化器的过程以及安装催化器的过程要在视频监控下进行。

在底盘测功机上进行至少 2 次 I 型试验，排放结果要符合相应的排放限值。

测量催化器"时间—温度"数据：

催化器温度应在 GB 18352.6—2016 附录 GC 描述的至少 2 个完整的 SRC 循环期间测量。

催化器温度应在试验汽车上最热催化器的最高温度位置处测量。如果使用良好的工程判断关系使另一处温度调整后能代表最高温度，也可以对另一处进行测量以替代最高温度位置处测量。

催化器温度测量的最低频率应为 1 Hz（每秒钟测量一次）。

应将测量的催化器温度结果制成柱状图（柱状图用不大于 25℃ 的温度组绘制）。

将催化器从样车上拆下，然后在台架上进行老化试验，整个过程要在视频监控下进行。

台架老化试验应按照标准台架循环（SBC）来进行，标准台架循环老化时间由台架老化时间（BAT）方程式计算得到。台架老化过程要求催化器老化台架上安装"催化器—氧传感器"系统。

在台架老化试验完成后，应将老化的催化器重新安装回整车上再进行至少 2 次 I 型试验，整个过程要在环保监控下进行。

生产企业可以进行额外的 I 型试验。劣化系数（修正值）的计算与整车耐久性试验相同。

4.5.1.5　压燃式发动机车辆台架老化耐久性试验

相关测试程序与装用点燃式发动机的汽车基本相同。不同点在于：

（1）台架老化试验程序要求在发动机老化台架上安装后处理系统。

（2）台架老化试验应按照标准柴油机台架循环（SDBC）来进行。

（3）再生/脱硫的次数由台架老化持续时间（BAD）方程计算得到。

（4）再生数据。再生间隔应按照 GB 18352.6—2016 附件 GC 规定的至少 10 个完整的 SRC 循环期间测量。作为替代可以使用 K_i 因子来确定。

4.5.2　蒸发和加油系统耐久性试验

如果生产企业使用标准规定的劣化系数（修正值），可不进行此项试验。

劣化系数（修正值）的使用和变更。对于使用标准规定的劣化系数（修正值）通过型式检验的车型，如生产企业提出书面申请，可以用实测得到的劣化系数（修正值）替代标准规定的劣化系数（修正值），并变更型式检验报告。

两用燃料车仅对气体燃料进行此项试验。

可外接充电的混合动力电动汽车（OVC-HEV）在里程累积试验期间，允许储能装置在 24 h 内进行 2 次充电。有手动选择行驶模式功能的可外接充电的混合动力电动汽车，里程累积试验应该在打开点火开关后自动设定的模式（主模式）下进行。为了连续里程累积的需要，在里程累积试验期间，允许转换到另一种混合模式。

不可外接充电的混合动力电动汽车（NOVC-HEV）有手动选择行驶模式功能的不可外接充电的混合动力电动汽车，里程累积试验应该在打开点火开关后自动设定的模式（主模式）下进行。

生产企业可以按 GB 18352.6—2016 附录 G 所述程序在试验场进行耐久性试验，其中国六 a 阶段耐久里程 160 000 km；国六 b 阶段耐久里程 200 000 km（2023 年 7 月 1 日前，耐久里程可为 160 000 km）。

用于蒸发-加油耐久性测试的车，必须是已磨合并稳定了蒸发/加油排放控制系统，并且已对该车的非燃油碳氢化合物排放做过预处理。允许在排气、蒸发和加油污染物排放耐久性数据测试中使用同样的汽车。在开始里程累计之前，每一辆耐久性数据测试汽车都应达到稳定的蒸发-加油排放水平，至少累计运行了 3 000 km。

耐久性数据测试汽车必须是耐久性数据测试组内的汽车，随着汽车老化或运行累计里程，排放增加最大的汽车。对于用作耐久性数据测试的车型，该车的标称油箱容积与炭罐 BWC 比必须是最高的。

如果生产企业决定选择使用里程累计的方法确定劣化修正值，那么生产企业必须在一个蒸发-加油排放系族内挑选 1~5 辆汽车，组成耐久性数据测试组。

4.5.2.1 通过里程累计确定耐久性系数的测试方法

生产企业可以依据以下提出的程序，确定耐久性数据测试汽车的耐久性系数。

（1）通用测试要求。

①耐久性数据测试汽车在道路上运行以累计公里数，运行期间应使用代表性的测试燃料，定期测试蒸发和加油污染物的排放量。

②每个蒸发-加油系族，将有至少一辆耐久性数据测试汽车。

③测试燃料应与一般使用的燃料类似，包括含乙醇或甲醇等含氧化合物。对两用燃料汽车而言，里程累计方法必须包括使用适量有代表性的替代燃料。

④生产企业向一般用户提供的定期性汽车保养是允许的。通常来说，这类定期保养

不会对与蒸发排放控制系统相关的零部件或子系统进行维护。

　　⑤不会影响蒸发-加油排放控制系统的非定期的保养是可以进行的，但生产企业必须保留完整的保养记录。

　　⑥未经生态环境主管部门的同意，不允许进行会对耐久性数据测试汽车蒸发-加油控制系统产生影响的非定期保养维修。如果生产企业能证明蒸发-加油排放控制系统的有效性（正面或负面）不会受到保养维修的影响，那么生态环境主管部门将会同意该保养维修。保养前和保养后的蒸发-加油排放测试是作为同意此要求的一个条件。在这种情况下，保养前和保养后的平均排放值将用于劣化修正值的计算。

　　⑦生产企业可以在每个耐久性数据测试组中评估 1～5 辆耐久性数据测试汽车。每辆耐久性数据测试汽车都必须运行 75%的有效使用期限或全有效使用期限，除非在完成累计里程规定前，生态环境主管部门因机械问题，取消了该车的型式检验。

　　⑧在任何里程点，生产企业都可以进行 1 次以上的排放测试。多次测试结果的平均值即是该里程点的排放值。

　　（2）具体测试要求。

　　①生产企业可以利用以下的方法，通过整车道路耐久性评估得到的排放数据，评估蒸发-加油系统耐久性并建立劣化修正值。

　　②在（3 000±120）km 的稳定点和结束点的排放测试结果必须在排放限值以内。否则，除非经过生态环境主管部门同意，这些数据将不能用于劣化修正值的计算。

　　③试验前应采用 OBD 通用诊断工具读取 Mode09 文件输出并存储记录试验车辆CAL ID 和 CVN 数据。

4.5.2.2　75%有效使用期限的定期测试以及劣化修正值的决定

　　依据此方法，耐久性数据测试汽车需在道路上以运行累计里程，该车的蒸发和加油排放测试除了在汽车稳定后（3 000±120）km 点时进行初次测试，还要在不少于 5 个均匀分布点测试蒸发和加油排放测试。

　　①使用此方法，测试点在 10 000 km、30 000 km、60 000 km、90 000 km、120 000 km（国六 a 阶段）或 150 000 km（国六 b 阶段）处。每个测试点的累计里程，允许±2%的误差。更多的测试点是允许的，但是测试点之间的间隔应接近相等。如果在定期点之间结束了该测试，该车的蒸发和加油排放测试必须同时进行，得到的数据必须用来决定劣化修正值。

　　②提出的测试点是可以替代的，蒸发-加油排放测试可以选择与之对应的排气排放测试点同时进行。此外，蒸发-加油排放测试必须在汽车稳定点和结束点（75%或以上的有

效使用期限）进行。

③利用线性回归法（最小平方函数）将所有可用的测试数据，建立一条最佳直线来代表每辆耐久性数据测试汽车的劣化特点。劣化修正值的计算必须将代表排放测试数据的最佳直线投射到有效使用期限的终点 160 000 km 或 200 000 km。将代表排放测试数据的最佳直线投射，估算 3 000 km 汽车稳定点以及有效使用期限的终点 160 000 km 或 200 000 km 的排放值。劣化修正值即是利用最佳直线估算出来的有效使用期限终点的排放值和 3 000 km 稳定点的排放值之间的差异。

④如果评估的是 1 辆以上的耐久性数据测试汽车，该蒸发-加油系族的劣化修正值是所有耐久性数据测试汽车的平均值。

⑤回归法得到的有效使用期限终点 160 000 km 或 200 000 km 的排放值、回归法得到的稳定点（3 000 km）排放值以及劣化修正值必须与 GB 18352.6—2016 附录 F 和附录 I 得到的排放结果有相同的精确度。若计算出的劣化修正值数值小于零，则必须将其改成零。

4.5.2.3 有效使用期限终点测试和劣化修正值的确定

依据此方法，耐久性数据测试汽车需在道路上运行累计全有效使用期限的里程数，该车的蒸发和加油排放测试仅需要在汽车稳定至（3 000±120）km 和有效使用期限（160 000±4 000）km 或（200 000 ±4 000）km 结束时进行。

有效使用期限终点测试。劣化修正值是在全有效使用期限（160 000±4 000）km 或（200 000±4 000）km 结束点的测量值和稳定里程点（3 000±120）km 的测量值之差。如果评估的是 1 辆以上的耐久性数据测试汽车，那么该系族的劣化修正值为所有汽车的平均值。

4.5.2.4 劣化修正值的应用

适用于某特定蒸发排放系族的蒸发排放劣化修正值，必须增加到该系族的Ⅳ型测试结果上。总和小于 GB 18352.6—2016 中表 5 的限值要求。

适用于某特定加油排放系族的加油排放劣化修正值，必须增加到该系族的Ⅶ型测试结果上。总和小于 GB 18352.6—2016 中 5.3.7.2 的规定限值要求。

4.6 Ⅵ型试验

4.6.1 接收样品，核查样车

4.6.2 更换燃油

预试验循环前，应对 REESS 进行充分充电。如果生产企业要求，预试验循环前可以省略充电过程，在正式试验前，不得再次对 REESS 进行充电。

4.6.3 测功机预热

应按照底盘测功机制造商说明书，或其他合适的方法对底盘测功机进行预热，直到内部摩擦损失稳定为止。若已完成测功机预热可忽略此步骤。

4.6.4 车辆准备

将电量确认完毕后的试验车辆驾驶或者推到测功机上，车辆轮胎压力最多可增加到比 GB 18352.6—2016 附录 CC.4.2.2.3 规定的压力高 50%，测功机设定和后续试验应使用相同的轮胎压力，试验报告中应记录所使用的实际轮胎压力。

应按 WLTC 循环或替代预热程序对车辆进行预热。车辆预热时底盘测功机设定应符合 GB 18352.6—2016 附录 C 中附件 CD 的要求。应对底盘测功机的阻力设定进行调整，以模拟−7℃下汽车在道路上的运行状况。该调整可基于−7℃下确定的道路载荷的变化；也可按照 GB 18352.6—2016 附录 C 中附件 CC 确定的行驶阻力，将其滑行时间减少 10% 后得到的阻力，作为设定用替代的道路载荷。生产企业要求经生态环境主管部门同意后也可采用其他方法确定行驶阻力。底盘测功机的标定和检查按照 GB 18352.6—2016 附录 CD 的有关规定进行。

4.6.5 车辆预处理

预处理包括按照 GB 18352.6—2016 图 CA.1 的低速和图 CA.2 的中速循环。在生产企业的要求下，可以运行Ⅰ型试验测试循环一次进行预处理。预处理期间，检验室温度应保持相对稳定，且不得高于 30℃。

4.6.6 浸车

应采用 GB 18352.6—2016 附录 H.4.3.1 规定的两种方法之一进行–7℃±3℃浸车，浸车时间在 6～36 h。

4.6.7 排放测试

排放试验测试循环开始之前，检验室温度应在–7℃±2℃内，该温度应在离汽车 1.5 m 内的冷却风机气流中测量。在不启动发动机的情况下将试验样车推到底盘测功机上并固定。检查试验车辆的油温、水温和胎压，胎压与预处理时胎压保持一致。汽车运转期间，应关闭加热和除霜装置。关闭发动机盖。发动机启动前，将连接管连接到试验车辆排气管上。对底盘测功机和分析仪进行参数设定。按测试循环要求行驶试验汽车开始排放。

4.6.8 试验有效性判定

（1）如果车辆启动没有成功，或者显示启动错误，试验无效。应重新进行预处理，然后进行新的试验。

（2）试验过程中允许速度公差大于规定要求，但超差时间不能超过 1 s。试验期间，出现上述速度超差的情况不能多于 10 次，否则试验无效。

（3）如果试验过程中发动机意外熄火，预处理或试验无效。

试验结束后关闭发动机，将车辆移下底盘测功机。

4.6.9 试验结果判定

按表 4-3 进行结果判定。

表 4-3　Ⅵ型试验次数准则

试验	判断标准	污染物排放
第一次试验	三种污染物排放结果	＜限值×0.9
第二次试验	第一次和第二次试验结果算术平均值	＜限值×1.0

4.6.10 原始记录和检验报告的出具

根据试验结果编写原始记录，并将试验照片、试验报告进行汇总，整理后出具检测报告。Ⅵ型排放测试流程见图 4-5。

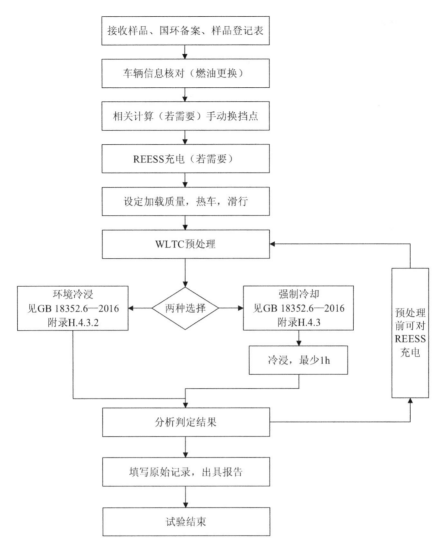

接收样品、国环备案、样品登记表

车辆信息核对（燃油更换）

相关计算（若需要）手动换挡点

REESS充电（若需要）

设定加载质量，热车，滑行

WLTC预处理

环境冷浸
见GB 18352.6—2016
附录H.4.3.2

两种选择

强制冷却
见GB 18352.6—2016
附录H.4.3

冷浸，最少1h

预处理前可对REESS充电

分析判定结果

填写原始记录，出具报告

试验结束

图 4-5 Ⅵ型排放测试流程

4.7 Ⅶ型试验

4.7.1 试验要求

4.7.1.1 样车和申报信息

生产企业应向检测机构提供试验样车 1 辆，相应车型完成备案的国环附录号、样品参数登记表及采用的劣化系数。手动挡车辆应提供换挡曲线。

4.7.1.2 样车核对

检测机构应将对应车型附录进行下载，下载成功后获取车辆备案的主要参数，并在国环监控系统下进行车辆信息核对。试验样车应与国环备案和样品登记表中保持一致，若不一致则不能开始该项目的测试。核对内容包含但不限于以下内容：车辆型号、VIN、发动机型号、发动机编号、轮胎型号、测试质量（备案和样品登记表）、催化器型号、增压器型号（若适用）、氧传感器型号、颗粒捕集器型号（若适用）、ECU 型号、EGR 型号（若适用）、油箱盖型号、炭罐型号。

试验前应采用 OBD 通用诊断工具读取 Mode09 文件输出并存储记录试验车辆 CAL ID 和 CVN 数据。

4.7.1.3 试验燃油

试验用车辆应采用 GB 18352.6—2016 附录 K 规定的相应基准燃料。

4.7.1.4 车辆准备

> 炭罐正常连接和正常行驶至少 3 000 km，不应使用替代方案使炭罐进行吸附和脱附，混合动力汽车和双燃油汽车应尽量采用发动机模式。

> 汽车的排气系统不应出现任何泄漏。

> 试验前可用蒸气清洗汽车。

> 在不改变燃油箱安装状况的条件下，可在燃油系统中安装附加接头和转换接头，以排尽燃油箱中的燃油。

> 生产企业可以选择通过高温烘烤底盘和轮胎老化、更换旧轮胎和以清水更换玻璃水等方法对车辆进行前处理，但生产企业应提供报告详细列出其降低汽车非燃油碳氢化合物背景值所采取的行动，报告中应详细描述使用的方法和如何判定非燃油碳氢化合物已达到稳定状况。

若Ⅶ型试验过程中的Ⅰ型试验结果超标（不需要经过劣化系数修正），则Ⅶ型试验失败。

4.7.2 试验流程

4.7.2.1 接收样品，核查样车

4.7.2.2 对试验车辆进行清洗

4.7.2.3 放油和重新加油至油箱标称容积的 40%

放油和加油过程中，打开燃油箱盖，采用抽油机、放油阀或者继电器短接等方式放尽汽车上所有燃油箱内的燃油，其他放油方式是允许的，但要避免人为对汽车上的蒸发

控制系统进行脱附和吸附。

使用加油小车加入标称容积的 40%±0.5 L 的燃油，燃油温度为 18℃±8℃。加油完成后，在 1 min 内盖上所有油箱盖。

4.7.2.4 浸车

将汽车移至温度为 23℃±3℃ 的浸车区，在此浸车 6～36 h，且保持油箱盖关闭。

4.7.2.5 预处理行驶

将车辆移至底盘测功机上，按照 GB 18352.6—2016 附录 C 规定的Ⅰ型试验用测试循环完成一次低速、一次中速、一次高速和一次超高速的行驶。对 NOVC-HEV 和 OVC-HEV，在此Ⅰ型试验测试循环结束后，继续重复Ⅰ型试验测试循环直到电池达到电量保持模式，并完成该完整循环。

预处理行驶期间，应按照 GB 18352.6—2016 附录 C 的要求，使用变速风机吹向车辆。

预处理行驶期间，环境温度应在 23℃±5℃。将车辆从底盘测功机移至放油区域，在 2 h 之内，进行再次放油和加油操作。

4.7.2.6 再次放油和重新加油至油箱标称容积的 40%

放油和加油过程中，避免人为对汽车上蒸发控制系统进行脱附和吸附。应加入标称容积 40%±0.5 L 的燃油，燃油温度为 18℃±8℃，并在 1 min 内盖上所有油箱盖。汽车维持油箱盖关闭，保持周围环境温度为 23℃±5℃。

4.7.2.7 预处理炭罐至 2 g 击穿

采用规定的方法来预处理炭罐。如果汽车装有多个炭罐，且多个炭罐以串联方式连接，可以一并被预处理；如果多个炭罐并联连接，应使用同样的方法单独处理每个炭罐。以丁烷流量为 40 g/h 的速率吸附 50% 容积的丁烷和 50% 容积的氮气的混合气体使炭罐吸附，当炭罐脱附口累计排放出 2 g 碳氢化合物时，即为 2 g 击穿。

使用密闭室吸附丁烷。如果使用密闭室加载丁烷，应将车辆发动机熄火置于密闭室内。测试前，打开密闭室内风扇，吹扫至背景浓度稳定，然后进行零点和量距标定。准备炭罐用于吸附丁烷，如需要，可将炭罐移至易于操作的位置，但不应从车上拿下，除非炭罐位置在正常位置难以进行吸附操作。如需卸下炭罐，应特别小心，防止损坏零部件和燃油系统的完整性。可在油箱处临时连接一个辅助炭罐，如果采取防止油箱受压的措施，可堵住燃油箱口，不必使用辅助炭罐。以丁烷流量为 40 g/h 的速率吸附 50% 容积丁烷和 50% 容积氮气的混合气体使炭罐吸附。测量密闭室内碳氢化合物达到 2 g 时，立即关闭丁烷和氮气的气源。重新连接炭罐与油箱的连接管路使车辆恢复到正常状态。

炭罐 2 g 击穿可用称量辅助炭罐的方法来确定，辅助炭罐连接到原始炭罐的空气口。

辅助炭罐质量增加即可决定炭罐 2 g 击穿点。准备炭罐用于吸附丁烷，如需要，可将炭罐移至易于操作的位置，但不应从车上拿下，除非炭罐位置在正常位置难以进行吸附操作。如需卸下炭罐，应特别小心，防止损坏零部件和燃油系统的完整性。可在油箱处临时连接一个辅助炭罐，如果采取防止油箱受压的措施，可堵住燃油箱口，不必使用辅助炭罐。

在与原始炭罐连接前，应将辅助炭罐脱附，去除残留的碳氢化合物。以丁烷流量为 40 g/h 的速率吸附 50% 容积的丁烷和 50% 容积的氮气的混合气体使炭罐吸附。一旦辅助炭罐重量增加 2 g，立即关闭丁烷和氮气的气源。重新连接炭罐与油箱的连接管路使车辆恢复到正常状态。

4.7.2.8　Ⅰ型底盘测功机试验

（1）加油排放整体控制系统的车辆，采用本节①～④步骤进行试验。

（2）排放非整体控制系统或非整体仅控制加油排放炭罐系统（NIRCO）的车辆，应采用本节⑤～⑨步骤进行试验。

①加油排放整体控制系统的Ⅰ型预处理行驶。

预处理行驶期间，环境温度应为 23℃±5℃。在完成炭罐吸附的 1 h 内，按照 GB 18352.6—2016 附录 C 规定的Ⅰ型试验测试循环，进行低速、中速、高速和超高速的预处理。行驶期间，应按照 GB 18352.6—2016 附录 C 的要求，使用变速风机吹向车辆。如需在预处理过程中使用流量计测量炭罐的实时脱附流量，可将流量计连接至炭罐脱附口或大气口，应保证不影响炭罐的正常吸附和脱附，尽量减小管路的空气阻力。

②整体控制系统的浸车。

完成预处理行驶后的 10 min 内，将车辆停泊在环境温度为 23℃±3℃的浸车区，进行 12～36 h 的浸车。

③整体控制系统的Ⅰ型底盘测功机试验。

在浸车期结束后，依据 GB 18352.6—2016 附录 C 所述Ⅰ型试验测试循环，进行完整的低速、中速、高速和超高速的行驶，然后关闭发动机。行驶期间，应按照 GB 18352.6—2016 附录 C 的要求，使用变速风机吹向车辆。运转期间应进行排气污染物取样和测量，试验结果应符合Ⅰ型试验排气污染物排放限值，此结果不考虑劣化系数。排气污染物排放量是型式检验申请材料的一部分，如果结果超过限值，需重新进行加油排放试验。

④整体控制系统的处理行驶。

完成规定的Ⅰ型试验运转后 2 min 内，重新启动发动机，汽车继续进行Ⅰ型试验测试循环的低速、低速、中速和低速的行驶。行驶期间，应按照 GB 18352.6—2016 附录 C 的要求，使用变速风机吹向车辆。

将车辆移出测功机，进行下一步试验程序。

⑤非整体控制系统及非整体仅控制加油排放炭罐系统（NIRCO）的 I 型预处理行驶。

预处理行驶期间，环境温度应在 23℃±5℃ 范围内。完成炭罐吸附后的 1 h 内，按照 GB 18352.6—2016 附录 C 规定的 I 型试验测试循环，进行低速、中速、高速和超高速的预处理。行驶期间，应按照 GB 18352.6—2016 附录 C 的要求，使用变速风机吹向车辆。

如需在预处理过程中使用流量计测量炭罐的实时脱附流量，可将流量计连接至炭罐脱附口或大气口，应保证不影响炭罐的正常吸附和脱附，尽量减小管路的空气阻力。

依规定行驶时，生产企业需测量或记录 I 型试验各阶段测试循环的油耗，用于决定⑨所进行的 I 型试验测试循环次数。

⑥非整体控制系统及非整体仅控制加油排放炭罐系统（NIRCO）的浸车。

完成规定的预处理行驶后的 10 min 内，将汽车进行 12～36 h 的浸车，浸车期间要求环境温度为 23℃±3℃。

⑦非整体控制系统及非整体仅控制加油排放炭罐系统（NIRCO）的 I 型底盘测功机试验。

完成规定的浸车后，汽车依据 GB 18352.6—2016 附录 C 所述 I 型试验测试循环，进行一次低速、中速、高速、超高速的完整循环。运转期间应进行排气物取样和记录，试验结果应符合 I 型试验排气污染物排放限值，此结果不考虑劣化系数。排气污染物排放量是型式检验申请材料的一部分，如果结果超过限值，则 VII 型试验失败。

⑧非整体控制系统及非整体仅控制加油排放炭罐系统（NIRCO）的放油和 95% 加油。

对于 NIRCO，试验时需切断炭罐连接，之后排尽燃油箱中的燃油。放油过程中可连接一个辅助炭罐，以避免污染周围空气。

加入油箱标称容积的 95%±0.5 L 的燃油，要求燃油温度为 24℃±2℃。对于 NIRCO，重新连接原始炭罐。将汽车移至底盘测功机上，准备开始处理行驶（如有需要将汽车移至放油和加油区，也可以留在底盘测功机上完成放油和 95% 加油）。

上述操作要求在预处理行驶后 2 h 内完成。

⑨非整体控制系统及非整体仅控制加油排放炭罐系统（NIRCO）的处理行驶。

将车辆移至底盘测功机进行排放控制系统处理行驶，重复行驶 GB 18352.6—2016 附录 C 中完整的 I 型试验测试循环，包括低速、中速、高速和超高速，持续行驶到消耗了至多燃油箱标称容积 85%±0.5 L 的燃油。车辆生产企业可以规定车辆进行预处理行驶测试循环的次数，并记录测试循环的次数，但消耗的燃油不应超过燃油箱标称容积的 85%±0.5 L。行驶期间，应按照 GB 18352.6—2016 附录 C 的要求，使用变速风机吹向车辆。

如需在预处理过程中（GB 18352.6—2016 附录 F.6.9 和附录 I.5.7.1、附录 I.5.7.4、附录 I.5.7.9）使用流量计测量炭罐的实时脱附流量，可将流量计连接至炭罐脱附口或大气口，应保证不影响炭罐的正常吸附和脱附，尽量减小管路的空气阻力。

预处理行驶结束后，关闭发动机，将车辆移至浸车区，准备进行下一步规定试验程序。

得到生态环境主管部门的事先同意后，车辆生产企业可以选择使用台架脱附和炭罐称重的方法替代车辆处理行驶的方法。生产企业须提供材料以证明其台架脱附条件完成下的炭罐脱附量和脱附质量与最多该汽车消耗油箱标称容积的 85%±0.5 L 的燃油（由生产企业决定）所累积的脱附量和脱附质量相同，同时，台架脱附性质（如平均流速、脱附量和温度）也要与依据 I 型试验测试循环行驶时的脱附性质相似。生态环境主管部门在必要时可要求该汽车进行实际行驶以核实台架脱附表现。

4.7.2.9 放油和重新加油至油箱标称容积的 10%

操作前需要切断炭罐与油箱的连接，可连接一个辅助炭罐，用来吸收放油和加油时的油气。放尽油箱中所有燃油，在此过程中不应对车上的蒸发控制系统进行人为吸附或脱附。向燃油箱加入燃油箱标称容量的 10%±0.5 L 的燃油，燃油温度为 18℃±8℃（对于装载 NIRCO 炭罐系统的车辆，则加入的燃油温度为 24℃±2℃），由于部分油箱存在死容积的情况，因此，此 10%±0.5 L 应包含死容积部分，加油结束后，立即关闭所有油箱盖。车辆应维持其温度 23℃±5℃和油箱盖关闭。

4.7.2.10 加油排放试验前的浸车

加油排放试验前，确认发动机罩关闭，将车辆移动至浸车区，进行 6～36 h 浸车。浸车期间，汽车应维持在 23℃±3℃。浸车完成后，重新连接原始炭罐。

4.7.2.11 加油试验

（1）整体和非整体燃油系统（非整体仅控制加油排放炭罐系统，NIRCO）。

试验前，应使用混合风扇将密闭室进行吹扫。试验之前，将 FID 碳氢化合物分析仪和其他分析仪进行零点和量距点标定。混合风机要有 3.0～6.0 m³/min 风力，试验中朝向加油处的密闭室地板，以此来强化密闭室内泄漏燃油的汽化。

按如下程序进行加油过程污染物排放的测量：不启动发动机将车辆从浸车区移至密闭室内，打开汽车的车窗和行李箱。密闭室温度满足 23℃±3℃。将车辆进行接地连接。取下汽车油箱盖。将加油枪通过密闭室加油口，插入车辆加油管，应保证加油枪从密闭室外进入密闭室内的接口处密封良好。加油枪插入密闭室之前，应尽可能地清除加油枪

及其管路内残留的燃油。将加油枪插入汽车的加油管时需小心，避免在密闭室或车辆上
泄漏汽油。加油枪手柄应与地面近似垂直，应尽可能插入汽车加油管的底部。密闭室门
须在取下油箱盖后的 2 min 内关闭并密封。稳定碳氢化合物分析仪。

启动输送燃油的温度记录系统。在关闭密闭室门的 10 min 内，测量密闭室气体中的
碳氢化合物。此时为 $t_{start}=0$ 的时刻，记录碳氢化合物的浓度 $c_{HC,i}$、温度 t_i 和大气压 p_i。这
些数据将用于下一步的加油过程污染物排放量的计算。在获得初始碳氢化合物浓度读数
后的 1 min 内，启动加油操作，以 37 L/min±1 L/min 的速率输送温度应为 20℃±1℃ 的燃
油。燃油输送应持续到加油枪自动关闭。无论加油枪自动关闭或启动多少次，输送的燃
油量必须至少为 85% 标称油箱容量。如果加油枪在此之前提前关闭，应在 3~15 s 内重新
启动输送燃油。不应手动终止输油，除非已明确确认汽车未能通过试验。因加油枪提早
关闭而造成的燃油泄漏，应包括在计算时记录的燃油输送量 V_D 内。加油枪可留在汽车加
油管内直到密闭室碳氢化合物测量依照要求已全部完成。

在输油最终结束后的 60 s±5 s 时间内，密闭室碳氢化合物分析仪应读取最终读数。
这是最终碳氢化合物浓度 $c_{HC,f}$。记录初始碳氢化合物读数与最终碳氢化合物读数的时间
间隔，以分钟为单位。同时记录此时的温度 t_f 和气压 p_f。这些数据将用于加油过程污染物
排放量的计算。

对于含有多个油箱的汽车，要测试每个油箱的加油排放。最常见的配置是双油箱配
套不同的燃油管、炭罐和脱附阀。排放测试应依据表 4-4 进行。该表制定是依据每个炭罐
配置 1 个脱附阀或者等效的配置（一个可切换油气来源的脱附阀），当手工操作切换油箱
后，该炭罐的脱附就会开始。如果试验汽车没有设置手工操作切换油箱，该汽车的加油
排放测试则假设该车的设计是脱附 1 个或同时脱附 2 个炭罐。如果油箱、燃油管、炭罐
和脱附阀的组合不在表 4-4 中，则重复程序直到每个油箱都加过油。

表 4-4　双油箱整体式炭罐系统车辆的加油污染物排放测试要求

燃油管/个	炭罐/个	手工操作切换油箱	脱附阀/个	指令说明
1	1	有	1	执行完与第 1 个油箱有关的所有程序后，操作切换油箱，回到程序 4.7.2.11，重新开始相同的测试
	1	无	1	将 2 个油箱假设是 1 个大油箱，进行加油污染物排放试验
	2	有	2	执行完与第 1 个油箱有关的所有程序后，操作切换油箱，回到程序 4.7.2.8，对第 2 个油箱进行加油污染物排放测试
	2	无	2	将 2 个油箱假设是 1 个大油箱，进行加油污染物排放试验

燃油管/个	炭罐/个	手工操作切换油箱	脱附阀/个	指令说明
2	1	有	1	执行完与第 1 个油箱有关的所有程序后，操作交换油箱阀，回到程序 4.7.2.11，重新开始相同的测试，使用第 2 个燃油管对第 2 个油箱加油继续试验
	1	无	1	假设 2 个油箱是 1 个大油箱，进行加油污染物排放试验。回到程序 4.7.2.11，重新开始相同的测试，使用第 2 个燃油管对第 2 个油箱加油继续试验
	2	有	2	执行完与第 1 个油箱有关的所有程序后，操作切换油箱，回到程序 4.7.2.8，使用第 2 个燃油管对第 2 个油箱进行加油继续测试
	2	无	2	将 2 个油箱假设是 1 个大油箱，进行加油污染物排放试验。执行完与第 1 个油箱有关的所有程序后，回到程序 4.7.2.8，使用第 2 个燃油管对第 2 个油箱进行加油继续测试

含有多个油箱的汽车，其加油排放试验的结果，是所有油箱试验结果的总和。

（2）非整体仅控制加油排放炭罐系统（NIRCO）。

试验前，应使用混合风扇将密闭室进行吹扫。试验之前，将 FID 碳氢化合物分析仪和其他分析仪进行零点与量距点标定。

将密闭室混合风扇和溢出燃料混合风机打开。密闭室温度应设置在 23℃±3℃。混合风机要有 $3.0 \sim 6.0\ m^3/min$ 风力，试验中朝向加油处的密闭室地板，以此来强化密闭室内泄漏燃油的气化。

应按如下程序进行加油过程污染物排放的测量：

不启动发动机，将车辆从浸车区移至密闭室内，打开行李箱和车窗。密闭室内温度应为 23℃±3℃。汽车进入密闭室后，应对汽车进行接地连接。关闭密闭室门。稳定碳氢化合物分析设备。在关闭密闭室门的 10 min 内，测量密闭室气体中的碳氢化合物。此时为 $t_{start}=0$ 的时刻，记录碳氢化合物的浓度 $c_{HC,i}$、温度 t_i 和大气压 p_i。这些数据将用于加油过程污染物排放量的计算。

取得密闭室初始碳氢化合物的浓度 $c_{HC,i}$、温度 t_i 和大气压 p_i 后，立即从密闭室进入口打开油箱盖，密闭室内部需保持密封状态。加油枪从密闭室进入口插入汽车的加油管，确保加油枪从密闭室外进入密闭室内的接口处密封良好。将加油枪插入汽车加油管时需小心，避免在密闭室内泄漏汽油。加油枪手柄应与地面近似垂直，应尽可能插入汽车加油管底部。油箱盖打开后及加油枪插入汽车加油管过程中，从加油管内排出的油气都算在该车辆的加油排放总量内。

启动输送燃油设备的温度记录系统。在获得初始碳氢化合物浓度读数的 1 min 内，启动加油操作。应当以 37 L/min ± 1 L/min 的速率，加入 20℃±1℃ 的燃油。燃油输送应持续到加油枪自动关闭。输送的燃油量应至少为 85% 标称油箱容量。如果加油枪在此之前提前关闭，应在 3~15 s 内重新启动输送燃油。不应手动终止输油，除非已确认汽车未能通过试验。因加油枪提早关闭而造成的燃油泄漏，应包括在计算时记录的燃油输送量 V_D 内。加油枪可留在汽车加油管内直到密闭室碳氢化合物测量完成。

在输油最终结束后的 55~65 s 时间内，密闭室碳氢化合物分析仪应读取最终读数。这是最终碳氢化合物浓度 $c_{HC,f}$。记录初始碳氢化合物读数与最终碳氢化合物读数的时间间隔，以分钟为单位。也应记录此时的温度 t_f 和气压 p_f。这些数据将用于加油过程污染物排放量的计算。

对于配置多个油箱的汽车，所有油箱都应进行试验。最常见的配置是双油箱配套不同的燃油管、炭罐和脱附阀。排放测试应依据表 4-5 进行。该表制定是依据每个炭罐配置 1 个脱附阀或等效的配置（一个可切换油气来源的脱附阀），当手工操作切换油箱后，该炭罐的脱附就会开始。如果试验汽车没有设置手工操作切换油箱，该汽车的加油排放测试则假设该车的设计是脱附 1 个或同时脱附 2 个炭罐。如果油箱、燃油管、炭罐和脱附阀的组合不在表 4-5 的范围内，则重复程序直到每个油箱都加过油。配置多个油箱的汽车，该车的加油排放试验值是单个油箱排放的总和。

表 4-5　双油箱非整体式仅控制加油排放炭罐系统车辆测试要求

燃油管/个	炭罐/个	手工操作切换油箱	脱附阀/个	指令说明
1	1	有	1	执行完与第 1 个油箱有关的所有程序后，操作切换油箱，回到程序 4.7.2.11，重新开始相同的测试
	1	无	1	将 2 个油箱假设为 1 个大油箱，进行加油污染物排放试验
	2	有	2	执行完与第 1 个油箱有关的所有程序后，操作切换油箱，回到程序 4.7.2.8，对第 2 个油箱进行加油污染物排放测试
	2	无	2	将 2 个油箱假设为 1 个大油箱，进行加油污染物排放试验
2	1	有	1	执行完与第 1 个油箱有关的所有程序后，操作切换油箱，回到程序 4.7.2.11，重新开始相同的测试，使用第 2 个燃油管对第 2 个油箱加油
	1	无	1	将 2 个油箱假设为 1 个大油箱，进行加油污染物排放试验。回到程序 4.7.2.11，重新开始相同的测试，使用第 2 个燃油管对第 2 个油箱加油继续试验
	2	有	2	执行完与第 1 个油箱有关的所有程序后，操作切换油箱，回到程序 4.7.2.8，使用第 2 个燃油管对第 2 个油箱进行加油继续测试
	2	无	2	将 2 个油箱假设为 1 个大油箱，进行加油污染物排放试验。执行完与第 1 个油箱有关的所有程序后，回到程序 4.7.2.8，使用第 2 个燃油管对第 2 个油箱进行加油继续测试

4.7.2.12 计算

加油排放碳氢化合物排放量通过碳氢化合物浓度、密闭室温度和压力的初始和最终读数，以及密闭室的有效容积等参数按下列公式进行计算：

$$M_{HC} = k \times V \times 10^{-4} \times \left(\frac{C_{HC,f}}{T_f} - \frac{C_{HC,i} P_i}{T_i} \right) + M_{HC,出} - M_{HC,入}$$

式中：M_{HC}——碳氢化合物质量，g；

$\quad\quad M_{HC,出}$——用固定容积密闭室进行加油排放试验时，从固定容积密闭室排出的碳氢化合物质量，g；

$\quad\quad M_{HC,入}$——用固定容积密闭室进行加油排放试验时，进入固定容积密闭室的碳氢化合物质量，g；

$\quad\quad C_{HC}$——密闭室内碳氢化合物浓度，10^{-6}（容积）C（单碳）当量；

$\quad\quad V$——经汽车容积（车窗和行李箱打开）校正后的密闭室净容积，如果未确定汽车容积，则从密闭室的内部容积中减去 1.42 m^3，m^3；

$\quad\quad T$——密闭室内环境温度，K；

$\quad\quad p$——大气压，kPa；

$\quad\quad$H/C——氢碳比；

$\quad\quad k$——1.2×（12+H/C）；

$\quad\quad i$——初始读数；

$\quad\quad f$——终了读数；

对于加油排放试验，H/C 取 2.33。

加油过程污染物排放试验的最终结果应用加油试验碳氢排放质量除以输送燃油的总体积，按下式计算：

$$RE = \frac{M_{HC}}{V_D}$$

式中：RE——加油过程污染物排放量，g/L；

$\quad\quad M_{HC}$——碳氢化合物质量，g；

$\quad\quad V_D$——输油量，L。

4.7.2.13 结果报告

加油污染物排放结果和从整体、非整体控制系统的 I 型底盘测功机试验得到的排气污染物排放结果均为型式检验申请材料中加油污染物排放试验的一部分。加油污染物排放试验结果以"g/L"为单位，修约至比限值多一位小数位数。

4.7.2.14　原始记录和检验报告的出具

根据试验结果编写原始记录，并将试验照片、试验报告进行汇总，整理后出具检测报告。

4.7.2.15　Ⅶ型试验流程图

整体控制系统车辆加油过程污染物排放试验流程见图 4-6，非整体或非整体仅控制加油排放（NIRCO）炭罐系统车辆加油过程污染物排放试验流程见图 4-7。

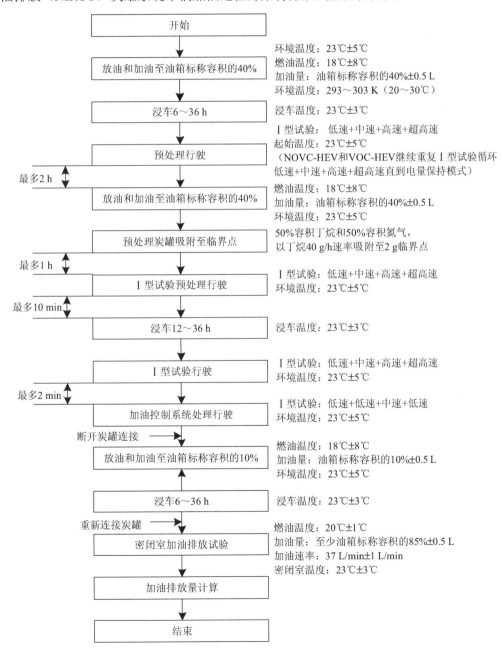

图 4-6　整体控制系统车辆加油过程污染物排放试验流程

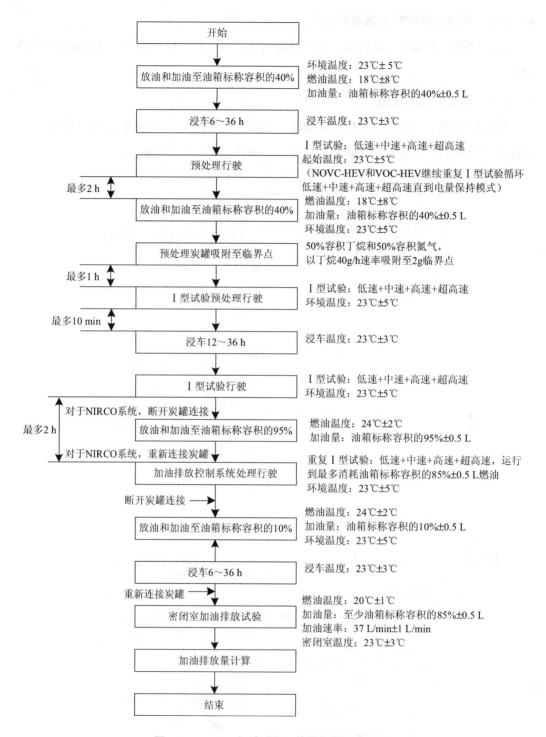

图4-7　NIRCO加油过程污染物排放试验流程

4.8 OBD 试验

4.8.1 OBD 试验要求

4.8.1.1 OBD 型式检验认证流程

OBD 型式检验认证流程见图 4-8。

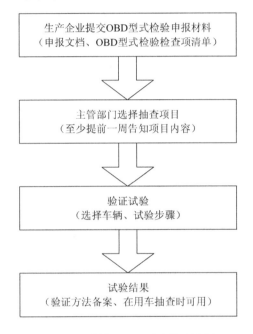

图 4-8 新车 OBD 型式检验流程

4.8.1.2 验证试验信息确认

检测机构根据生产（进口）企业提供的国环备案附录编号在信息公开系统中下载备案参数，确认认证试验的演示项目。

生产（进口）企业应按照信息公开系统中确定的试验项目与检测机构沟通试验顺序、故障模拟方式和所用到的试验循环（如果企业采用 WLTC 之外的其他试验循环，蒸发循环、浸车温度/测试温度、特殊的故障模拟方式等均应提前明确注明，如果主管机构没有异议，则可在验证试验中使用）等信息。

注：①按标准要求，只有 VVT、燃油系统监测、冷启动减排策略三项允许 ECU 修改软件模拟故障，其他项采用硬件模拟或电子模拟，如采用电子模拟，企业应提交相关材料证明和硬件模拟等效。

②对于预处理循环：车辆生产企业不得要求试验车辆在预处理循环前进行冷浸，以保证 OBD 系统试验的成功。对于验证测试循环：如果出于指定监测策略的需要，在进行试验循环前可进行冷浸。

4.8.1.3 验证试验车辆

样车的选择需符合 GB 18352.6—2016 附录 JA.3.1 的规定，同一 OBD 系族只需选一辆样车进行 OBD 型式检验试验。

应确认试验样车各项参数与目录参数完全一致。

如果同一 OBD 系族内企业提供多辆试验样车同时进行标准要求的 OBD 演示试验，则试验样车的硬件和软件配置应完全相同。包括确保除了 OBD 演示试验中燃油系统、VVT、冷启动减排策略等标准允许的软件修改项目外的其他所有试验时车辆的 CAL ID 和 CVN 数据一致。除了不需要进行排放试验的 OBD 演示试验项目所使用的试验样车，多辆试验样车中的其他车辆在更换了老化样件后都需要进行基础排放试验。

生产（进口）企业应使用经排放耐久性老化后的试验车辆，或具有耐久性试验相同特征的车辆（未经耐久的车辆应更换等效耐久到 16 万 km 或 20 万 km 的老化件，包括所有催化器、氧传感器和催化型 GPF）。厂商自行提供老化件的，应提供说明老化相关证明材料。材料中应说明老化公里数，推算替代的老化方法，提交试验过程数据，附上试验报告。

对于汽油车颗粒捕集器（GPF），根据现有技术经验，随着灰分的累积，背压升高，一般里程越高，排放性能越好。因此，允许厂家使用新的 GPF 进行 OBD 功能验证试验。

对于带有涂层的催化型汽油车颗粒捕集器应进行老化。

上述老化件制作方法可以选择 SRC、SBC 和其他替代老化试验方法，采用 SRC 和 SBC 时，企业需提交耐久的过程记录数据。对于其他替代老化试验方法，企业应向主管机构申请，批准后方可使用，并需要提供耐久过程的记录数据和等效老化证明文件。

对于 OVC-HEV/NOVC-HEV 和其他轻混类型（如 48 V 或 12 V），允许使用未老化的高压电池进行功能性验证试验。

生产企业应将 OBD 系统故障模拟样件留存备查，至少应保存 3 年。

4.8.1.4 验证试验要求

选定试验车辆后，制造厂不得对车辆进行任何调整。

生产（进口）企业应提供缺陷部件和（或）电气装置用于故障模拟，在进行 WLTC 试验时，这些有缺陷的部件或装置不得导致汽车排放量超过 OBD 阈值。如果生产企业能向主管机构证明，在 WLTC 试验循环运转状态下进行监测，会影响汽车实际使用中限定的监测条件，则可要求在 WLTC 试验循环之外的工况下进行监测。

在进行所有检验项目期间，除燃油系统、VVT、冷启动减排策略等监管部门允许的软件修改项目外，试验车辆的 CAL ID 和 CVN 数据应保持一致。每次试验前检测机构都应采用 OBD 通用诊断工具读取 Service$09 文件输出并存储记录并进行核对。

采用基于统计学方法的诊断替代策略，除国六标准附录 J.4 中蒸发排放控制系统提及的特殊情况以外（判断点亮 MIL 最多可用 12 个循环），测试程序不能使用 6 个以上驾驶循环才能做出是否点亮 MIL 的判断。

如果生产（进口）企业能够提供数据或工程评估证明该监测系统的任何失效或劣化不会导致排放超过 OBD 阈值，则生产企业可免予进行排放验证试验，而仅需进行功能性检查。

除失火故障以外，每个试验都要求在进行试验时，所有并行运行且用于同样目的的部件或系统（例如，分布在不同进气通道上的 VVT），应同时劣化到 OBD 阈值。对串联或用于不同用途的部件或系统（如同一排气管上游和下游的排气传感器），不需要同时劣化到故障标准。

如果生产（进口）企业能够向主管机构证明，电子故障模拟与硬件故障模拟具有等效性，则在进行验证试验的过程中可以采用电子模拟故障部件，但不能通过修改任何车辆电子控制单元的方法来模拟部件故障（以上提到的允许情况除外），进行验证试验所需的设备必须按照要求提供给主管机构。如果生产（进口）企业提交的数据和工程分析证明从技术上无法通过修改车辆电子控制单元之外的方法引入故障，则生产企业可以申请主管机构允许以修改车辆电子控制单元的方式来模拟部件的某项故障。VVT、燃油系统和冷启动减排模拟无须单独进行申请。

总体来说，根据故障机理不同，标准规定了以下三种故障模拟类型：

①失效件模拟，如临界催化器等；

②电子模拟器，如失火、氧传感器等；

③软件模拟，如燃油系统、VVT 和冷启动减排策略。

基于控制技术的不断更新，如企业提出申请，使用更为高效的故障模拟方式，经主管机构批准，也可以使用。

其他试验要求参照 GB 18352.6—2016 附录 JA OBD 系统功能性项目试验的规定。

4.8.1.5　点燃式汽车的验证试验项目及结果判定

验证试验内容为 GB 18352.6—2016 附录 JA.6.3 OBD 监测系统验证要求的 11 项和

GPF 共 12 大项演示试验。型式检验试验项目的选择应符合标准的要求，即 3 个必选项＋2 个抽查项，如果单个型式检验试验项有多个排放试验要求的，可任选一项进行排放试验。

对于双燃料车辆，两种应分别进行 3 个必选项＋2 个抽查项的 OBD 试验。

企业应在确定的试验项目中勾选对排放影响大的子项目，每个大项目勾选一个子项目，演示试验时仅进行勾选的子项目。

如果随机抽查项为燃油系统，应在基于前氧传感器控制燃油的自反馈调节或基于后氧传感器的反馈调节处于浓端限值和稀端限值时各进行一个试验，即在前氧浓稀或后氧浓稀中任选一个。

如果随机抽查项为蒸发泄漏，应进行两项测试，分别将泄漏孔安装在以下地方：①在燃油加油管附近，在油箱盖或介于油箱盖与燃油箱之间；②在炭罐附近，介于炭罐和油箱的脱附管路之间或介于炭罐和炭罐控制阀之间的脱附管路之间。

试验过程中要确认 OBD 的通信、未决故障码、冻结帧、确认故障码、诊断项分子加 1、永久故障码（如 Service$0A 中永久故障码未存满）和 MIL 的功能符合标准的要求（不包含故障码清除功能的确认）。试验后相应的排放试验结果应不超过 OBD 阈值。在不能用通用诊断仪读取 IUPR 分子加 1 的情况，允许用企业工具截图取证。

（1）催化器失效验证。

应对已经劣化到 OBD 阈值前的催化器系统进行验证试验。

MIL 灯亮，NMHC+NO$_x$排放不超过 OBD 阈值。

试验结束后，催化器分子计数器应增加 1。

（2）前氧传感器失效验证。

应采用全部用于燃油控制且响应速率劣化到使车辆排放超过 OBD 阈值前的前氧传感器（传统的开关型传感器、宽域传感器）进行试验。对任何其他能够导致车辆排放超过 OBD 阈值的前氧传感器参数，也应该进行试验。MIL 灯亮，排放不超过 OBD 阈值。试验结束后，前氧传感器响应速率失效子监测项的分子计数器应增加 1，如果通用扫描工具无法读取该子监测项分子计数器增长，可允许企业截图证明。

（3）失火验证。

应在超过 OBD 阈值前的故障标准下进行测试，传统燃油汽车和 OVC-HEV 汽车的规定相同。

MIL 灯亮，排放不超过 OBD 阈值。如果生产企业选择了 GB 18352.6—2016 附录 J.4 和附录 J.5 中允许的 1% 的最小失火故障标准，并且在采用此失火率的验证试验中点亮了故障指示灯，就不要求开展进一步的验证试验。

（4）蒸发系统验证。

应按照标准定义的泄漏孔径（1 mm 或 0.5 mm）对蒸发系统监测进行测试，或者按照经主管机构允许的其他泄漏孔径。应分别将泄漏孔安装在以下地方，分别进行试验：

①在燃油加油管附近，在油箱盖或介于油箱盖与燃油箱之间；

②在炭罐附近，介于炭罐和油箱的脱附管路之间或介于炭罐和炭罐控制阀的脱附管路之间。生产企业可向主管机构提出申请，选择另外的泄漏孔安装点（如炭罐控制阀附近）。如果生产企业提交的数据及/或工程评估能够证明，对于这种特定的蒸发系统设计，该安装点能更有效地验证出泄漏，主管机构应予以同意。

生产企业可以申请使用不同的测试循环以及不同的浸车与测试温度进行蒸发系统监测，如果生产企业提交的技术文件能够证明，采用企业自定义的测试循环或浸车/测试温度可以实现对于蒸发系统更有效地监测，主管部门应予以同意。MIL 灯亮。试验结束后，蒸发系统子监测项的分子计数器应增加 1。

（5）EGR 验证（如有）。

应在排放达到 OBD 阈值前的低流量或高流量故障标准下进行试验。MIL 灯亮，排放不超过 OBD 阈值。试验结束后，EGR 子监测项的分子计数器应增加 1。

（6）VVT 验证（如有）。

应在排放达到 OBD 阈值前的目标错误和响应迟缓故障标准下进行试验。在 VVT 验证试验中，生产企业如果能够证明修改车辆电子控制单元产生的结果与硬件诱发的故障等效，则生产企业可以通过修改车辆电子控制单元来模拟 VVT 的故障状态。

MIL 灯亮，排放不超过 OBD 阈值。

试验结束后，VVT 子监测项的分子计数器应增加 1。

（7）二次空气系统验证（如有）。

应在低流量导致排放达到 OBD 阈值前的故障标准下进行验证测试。MIL 灯亮，排放不超过 OBD 阈值。试验结束后，二次空气系统子监测项的分子计数器应增加 1。

（8）燃油系统验证。

对使用基于前氧传感器控制燃油的自适应反馈调节的车辆，生产企业应在基于前氧传感器控制燃油的自反馈调节处于浓端限值和稀端限值时各进行一次试验。对使用后氧传感器进行反馈调节的车辆，生产企业应在基于后氧传感器的反馈调节处于浓端限值和稀端限值时各进行一次试验。对于其他燃油计量或控制系统，生产企业应该在其故障标准下进行试验。

进行燃油系统验证试验时，如果生产企业能够证明修改车辆电子控制单元产生的结果与硬件诱发的故障等效，生产企业可通过修改车辆电子控制单元使燃油系统工作在故障状态。MIL 灯亮，排放不超过 OBD 阈值。

（9）冷启动减排策略系统验证。

冷启动减排策略失效或劣化导致排放超 OBD 阈值前故障下进行验证测试。进行冷启动减排策略演示试验时，如果生产企业能够证明修改车辆电子控制单元产生的结果与硬件诱发的故障等效，生产企业可以通过修改车辆电子控制单元使冷启动减排策略工作在故障状态。MIL 灯亮，排放不超过 OBD 阈值。

（10）GPF 系统功能验证（如有）。

应能监测出 GPF 完全移除的故障，无须进行排放验证。MIL 灯亮，无须进行排放试验。

（11）其他排放控制系统或排放源验证（如有）。

按照 GB 18352.6—2016 附录 JA.6.3.1.2.13 的要求对附录 J4.1～J4.14 中没有涉及的其他排放控制系统或排放源（如碳氢捕集器、吸附器等）进行失效验证。MIL 灯亮，排放不超过 OBD 阈值。

（12）加热型催化器系统验证（如有）。

应在 OBD 阈值故障标准下进行验证测试。MIL 灯亮，排放不超过 OBD 阈值。

4.8.1.6　验证试验报告

将每次试验的原始记录、排放结果、OBD 模式数据记录（预处理前，每次循环试验后）、截图（如有）汇总整理。点亮 MIL 时刻对应的里程数据可以根据 OBD 模式数据文件的 Service\$01 的 PID\$21 和所采用的试验循环的数据计算得到。OBD 验证试验全部完成后，出具检测报告。

4.8.1.7　压燃式汽车的验证试验程序参照执行

对于本章型式检验程序未提及的问题，需按照标准要求进行 OBD 型式检验申报。

4.8.2　OBD 试验流程

4.8.2.1　确认检验信息

4.8.2.2　样车参数确认

4.8.2.3　配置车辆

将符合要求的老化催化器（包括前后催化器）安装到试验车辆上（如果车辆装有催化型 GPF，则同时更换老化的 GPF），将符合要求的老化氧传感器（包含所有氧传感器）正确安装到车辆上，连接扫描工具，清除 OBD 系统中存储的故障代码（如果存在）。

4.8.2.4　车辆基础排放预处理

（若为耐久实测车辆可采用最后 1 次耐久试验数据作为 OBD 的基础排放数据，无须再进行基础排放试验）将车辆的点火开关置于"ON"位置；行驶一个 WLTC 循环或被主管部门认可的替代循环，无须记录该 WLTC 循环的排放测试数据（需要说明混合动力汽车的试验状态和方法，可在 CS 模式下运行一个 WLTC 循环）；将车辆的点火开关置于"OFF"位置；按 I 型试验的规定浸车 6～36 h。

4.8.2.5　车辆基础排放试验

启动发动机，行驶一个 WLTC 循环（混合动力汽车可在 CS 模式下进行）；将车辆的点火开关置于"OFF"位置；完整记录该 WLTC 循环的排放测试数据。上述排放试验结果不应超过相应的标准限值（判定时不用经过劣化系数修正，但装有周期性再生系统的应经过 K_i 系数修正）。

4.8.2.6　OBD 试验配置车辆

（1）将符合要求的老化催化器和老化氧传感器安装到车辆上（如果车辆装有催化型 GPF，同时更换老化的 GPF）；

（2）模拟故障前，生产企业可对试验系统或者部件进行调整；

（3）模拟故障（更换故障件、电子模拟故障或计算机模拟故障）；

（4）将诊断工具与车辆连接，清除故障代码。

4.8.2.7　OBD 试验预处理

预处理循环应采用 WLTC 循环，如果生产企业能向主管机构证明，在 WLTC 试验循环运转状态下进行监测，会影响实际使用中限定的边界条件，则可以要求在 WLTC 试验循环以外的替代循环下进行监测。如果生产企业能够提供证据证明附加的预处理循环对稳定排放控制系统是必需的，生产企业可向主管机构申请使用第二个预处理循环，特殊测试情况待定。

车辆生产企业不得要求试验车辆在预处理循环前进行冷浸，以保证 OBD 系统试验的成功。蒸发系统可以免予上述 OBD 试验的预处理要求。混合动力汽车预处理循环在 CS 模式下进行。

4.8.2.8　OBD 试验验证测试循环

试验车辆按要求进行预处理后，试验车辆应该在 WLTC 循环下进行验证测试循环，以进行待测系统或部件的初次故障检测，如果在车辆的预处理循环中已经检测到了故障（出现未决故障码或者出现了确认故障码并点亮 MIL），则不需要进行验证测试循环。

如果某项监测被设计在 WLTC 循环以外的替代工况下进行，生产企业可在排放测试循环之前进行该替代工况试验，以便 OBD 系统确认故障码和点亮 MIL。对某些特定的监测项目（如冷启动减排策略），出于监测策略要求，在验证测试循环前可以进行冷浸。

蒸发系统可以免予上述 OBD 试验的验证循环要求，生产企业可将试验车辆运行在合适的工况下，以便满足必要的监测条件、恰当的存储确认故障码和点亮 MIL 的条件。试验可以在检验室、有或没有测功机，或者在室外路面条件下进行。

混合动力汽车验证循环可在 CS 模式下进行。

4.8.2.9 OBD 试验排放测试循环和判定方法

预处理试验、验证试验之后，试验车辆进行正式的 WLTC 循环排放测试；正式的排放测试循环试验前应按照 I 型试验的要求浸车 6～36 h；按 I 型试验的要求进行排放测试试验（混合动力汽车可在 CS 模式下进行并进行有效性判定，除非故障影响电量平衡，企业特殊申请可不进行有效性判定），如果在排放试验结束前检测到被试验的系统或部件的故障，就应该点亮 MIL；如果 MIL 在排放超过 OBD 阈值前就被点亮，则无须开展进一步的验证试验。

若采用基于统计学方法的诊断替代策略，除 GB 18352.6—2016 附录 J.4 中蒸发排放控制系统提及的特殊情况以外（判断点亮 MIL 最多可用 12 个循环），测试程序不能使用 6 个以上驾驶循环才能做出是否点亮 MIL 的判断，应在报告中备注采用了统计学方法（基于统计学方法的诊断替代策略，是基于车辆故障的状态判断故障出现的可能性，开发人员也无法确定需要多少个测试循环才能点亮 MIL，但一旦确认出现故障，通常会同时设置未决故障码、确认故障码、MIL 等故障信息）。

在失火验证中，如果企业选择了 1% 的最小失火故障标准，并且在采用此失火率的验证试验中点亮了故障灯，不需要开展进一步的验证；如果部件或系统设定在故障边界而没有点亮 MIL 灯，则 OBD 型式检验不通过；如果 MIL 灯首次点亮时超过了 OBD 阈值，则应调整故障设置，再次进行试验，如调整后的参数与信息公开系统公开的不一致，试验后应及时更正。

蒸发系统可以免予上述测试循环和判定方法要求。

如果 OBD 系统被判定为不合格，生产企业可以在同一辆试验车辆调整后再次进行测试。在这种情况下，受影响的监测需要重新进行验证。

4.8.2.10 试验数据采集

排放试验过程中，应采集记录下述数据：

（1）分别采集预处理循环前、每个试验循环后 Service$01、Service$02、Service$03、Service$06、Service$07、Service$09、Service$0A 截图或文件输出，读取永久故障码（如

Service$0A 中永久故障码未存满）；

（2）排放测试数据；

（3）IUPR 分子项加1。

4.8.2.11 车辆基准状态复位操作

该项监测功能验证通过后，方可针对下一项测试内容进行车辆准备，恢复车辆状态，清除故障码，断开诊断工具。重复进行本书4.8.2.6～4.8.2.11 的步骤，直至所有演示项目测试完毕。

4.8.2.12 原始记录和检验报告的出具

根据试验结果编写原始记录，并将试验照片、试验报告进行汇总，整理后出具检测报告。

4.8.2.13 OBD 试验流程图

OBD 试验流程见图 4-9。

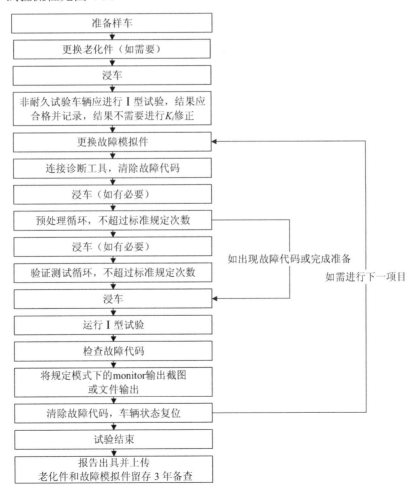

图 4-9 OBD 试验流程

4.8.3 监测项目验证

4.8.3.1 前氧传感器失效验证

（1）配置车辆。

①将中断箱正确地安装到一车辆上（如需要）；

②将故障氧传感器或氧传感器故障模拟装置安装到车辆上（模拟装置需经主管机构同意）；

③将标定工具与车辆连接（如需要）；

④将诊断工具与车辆连接，清除故障代码。

（2）故障植入。

使用氧传感器故障模拟装置设定氧传感器响应速率故障，如采用故障氧传感器制造故障则无须进一步操作。

（3）故障状态下的预处理和验证测试。

①将车辆的点火开关置于"ON"位置。

②使用氧传感器故障件或氧传感器故障模拟装置模拟氧传感器响应速率故障（模拟器需经主管机构同意）。

③使用诊断工具存储预处理前和每个循环后的 Service$01、Service$02、Service$03、Service$06、Service$07、Service$09、Service$0A 截图或文件（包括 txt 格式和 xml 格式文件）。

④按要求进行 OBD 试验的预处理：使用相应的循环（如 WLTC）进行预处理，不得要求试验车辆在预处理前进行冷浸，如需要进行附加的预处理循环，应在首次预处理结束后进行 10 min 的热浸处理（点火开关置于"OFF"位置），再运行一个和首次预处理相同的循环，或者企业申请的替代循环。预处理循环无须测量排放结果。

⑤循环结束后，将点火开关置于"OFF"位置，放置 60 s 以上。

⑥按要求进行 OBD 试验的验证循环，如果初次故障监测已经在预处理循环中实现，则无须进行该验证试验；如果监测被设计在 WLTC 循环之外，可运行附加的测试循环（替代循环），以保证 OBD 系统存储确认故障码和点亮 MIL。验证循环无须测量排放结果。

⑦保证车辆在 20℃～26℃的范围内浸车 6～36 h，但需要确保试验开始前发动机冷却液和机油温度在 21℃～25℃的范围内。

（4）排放测试。

①将车辆的点火开关置于"ON"位置；

②使用氧传感器故障件或氧传感器故障模拟装置设置氧传感器响应速率故障（模拟器模拟需经主管机构同意），行驶一个 WLTC 循环；

③循环结束后，将点火开关置于"OFF"位置；

④在排放循环后使用诊断工具存储 Service$01、Service$02、Service$03、Service$06、Service$07、Service$09、Service$0A 截图或文件（包括 txt 格式和 xml 格式文件）；

⑤完整记录该 WLTC 循环的排放测试数据。

（5）车辆基准状态复位操作。

①该项监测功能验证通过后，方可针对下一项测试内容为车辆进行准备；

②恢复车辆状态，清除故障码，断开诊断工具。

4.8.3.2　失火验证

（1）配置车辆。

①将中断箱正确地安装到车辆上（如需要）；

②将失火发生器正确地安装到车辆上；

③将标定工具与车辆连接（如需要）；

④将诊断工具与车辆连接，清除故障代码。

（2）故障植入。

设定失火率。

（3）故障状态下的预处理和验证测试。

①将车辆的点火开关置于"ON"位置。

②在失火发生器中设定失火率，并激活相关故障（模拟器需经主管机构同意）。

③使用诊断工具存储预处理前和每个循环后的 Service$01、Service$02、Service$03、Service$06、Service$07、Service$09、Service$0A 截图或文件（包括 txt 格式和 xml 格式文件）。

④按要求进行 OBD 试验的预处理：使用相应的循环（如 WLTC）进行预处理，不得要求试验车辆在预处理前进行冷浸，如需要进行附加的预处理循环，应在首次预处理结束后进行 10 min 的热浸处理（点火开关置于"OFF"位置），再运行一个和首次预处理相同的循环，或者企业申请的替代循环。预处理循环无须测量排放结果。

⑤循环结束后，将点火开关置于"OFF"位置，放置 60 s 以上。

⑥按要求进行 OBD 试验的验证循环，如果初次故障监测已经在预处理循环中实现，则无须进行该验证试验；如果监测被设计在 WLTC 循环之外，可运行附加的测试循环（替代循环），以保证 OBD 系统存储确认故障码和点亮 MIL。验证循环无须测量排放结果。

⑦保证车辆在 20℃～26℃的范围内浸车 6～36 h；但需要确保试验开始前发动机冷却液和机油温度在 21℃～25℃的范围内。

（4）排放测试。

①将车辆的点火开关置于"ON"位置；

②失火发生器设定失火率，并激活相关故障；

③行驶一个 WLTC 循环；

④循环结束后，将点火开关置于"OFF"位置；

⑤在排放循环后使用诊断工具存储 Service$01、Service$02、Service$03、Service$06、Service$07、Service$09、Service$0A 截图或文件（包括 txt 格式和 xml 格式文件）；

⑥完整记录该 WLTC 循环的排放测试数据。

（5）车辆基准状态复位操作。

①该项监测功能验证通过后，方可针对下一项测试内容为车辆进行准备；

②恢复车辆状态，清除故障码，断开诊断工具。

4.8.3.3　EGR 系统监测

（1）配置车辆。

①将有故障的 EGR 系统或 EGR 系统故障模拟装置部件安装到车辆上（如果需要）；

②将标定工具与车辆连接（如需要）；

③将诊断工具与车辆连接，清除故障代码。

（2）故障植入。

使用 EGR 系统故障件、模拟器（需主管机构同意）设置 EGR 系统故障（故障程度和设置方法可能依车型差异而不同）。

（3）故障状态下的预处理和验证测试。

①将车辆的点火开关置于"ON"位置。

②使用故障件、模拟器设置故障并激活相关故障（模拟器需经主管机构同意）。

③使用诊断工具存储预处理前和每个循环后的 Service$01、Service$02、Service$03、Service$06、Service$07、Service$09、Service$0A 截图或文件（包括 txt 格式和 xml 格式文件）。

④按要求进行 OBD 试验的预处理：使用相应的循环（如 WLTC）进行预处理，不得要求试验车辆在预处理前进行冷浸，如需要进行附加的预处理循环，应在首次预处理结束后进行 10 min 的热浸处理（点火开关置于"OFF"位置），再运行一个和首次预处理相同的循环，或者企业申请的替代循环。预处理循环无须测量排放结果。

⑤循环结束后，将点火开关置于"OFF"位置，放置 60 s 以上。

⑥按要求进行 OBD 试验的验证循环，如果初次故障监测已经在预处理循环中实现，则无须进行该验证试验；如果监测被设计在 WLTC 循环之外，可运行附加的测试循环（替代循环），以保证 OBD 系统存储确认故障码和点亮 MIL。验证循环无须测量排放结果。

⑦保证车辆在 20℃～26℃ 的范围内浸车 6～36 h，但需要确保试验开始前发动机冷却液和机油温度在 21℃～25℃ 的范围内。

（4）排放测试。

①将车辆的点火开关置于"ON"位置；

②使用 EGR 故障件、模拟器（需主管机构同意）设置 EGR 故障；

③行驶一个 WLTC 循环；

④循环结束后，将点火开关置于"OFF"位置；

⑤在排放循环后使用诊断工具存储 Service\$01、Service\$02、Service\$03、Service\$06、Service\$07、Service\$09、Service\$0A 截图或文件（包括 txt 格式和 xml 格式文件）；

⑥完整记录该 WLTC 循环的排放测试数据。

（5）车辆基准状态复位操作。

①该项监测功能验证通过后，方可针对下一项测试内容为车辆进行准备；

②恢复车辆状态，清除故障码，断开诊断工具。

4.8.3.4　VVT 验证

（1）配置车辆。

①将标定工具与车辆连接（如果需要）；

②将诊断工具与车辆连接，清除故障代码。

（2）故障植入。

使用故障件、模拟器设置故障，或使用软件植入故障，并激活相关故障（模拟器或软件模拟需经主管机构同意）。

（3）故障状态下的预处理和验证测试。

①将车辆的点火开关置于"ON"位置。

②使用故障件、模拟器设置故障，或使用软件植入故障，并激活相关故障（模拟器或软件模拟需经主管机构同意）。

③使用诊断工具存储预处理前和每个循环后的 Service\$01、Service\$02、Service\$03、Service\$06、Service\$07、Service\$09、Service\$0A 截图或文件（包括 txt 格式和 xml 格式文件）。

④按要求进行 OBD 试验的预处理：使用相应的循环（如 WLTC）进行预处理，不得要求试验车辆在预处理前进行冷浸，如需要进行附加的预处理循环，应在首次预处理结束后进行 10 min 的热浸处理（点火开关置于"OFF"位置），再运行一个和首次预处理相同的循环，或者企业申请的替代循环。预处理循环无须测量排放结果。

⑤循环结束后，将点火开关置于"OFF"位置，放置 60 s 以上。

⑥按要求进行 OBD 试验的验证循环，如果初次故障监测已经在预处理循环中实现，则无须进行该验证试验；如果监测被设计在 WLTC 循环之外，可运行附加的测试循环（替代循环），以保证 OBD 系统存储确认故障码和点亮 MIL。验证循环无须测量排放结果。

⑦保证车辆在 20℃～26℃的范围内浸车 6～36 h，但需要确保试验开始前发动机冷却液和机油温度在 21℃～25℃的范围内。

（4）排放测试。

①将车辆的点火开关置于"ON"位置；

②使用故障件、模拟器设置故障，或使用软件植入故障，并激活相关故障（模拟器或软件模拟需经主管机构同意）；

③行驶一个 WLTC 循环；

④循环结束后，将点火开关置于"OFF"位置；

⑤在排放循环后使用诊断工具存储 Service\$01、Service\$02、Service\$03、Service\$06、Service\$07、Service\$09、Service\$0A 截图或文件（包括 txt 格式和 xml 格式文件）；

⑥完整记录该 WLTC 循环的排放测试数据。

（5）车辆基准状态复位操作。

①该项监测功能验证通过后，方可针对下一项测试内容为车辆进行准备；

②恢复车辆状态，清除故障码，断开标定工具与诊断工具。

4.8.3.5　二次空气系统验证

（1）配置车辆。

①将有故障件或故障模拟装置安装到车辆上；

②将标定工具与车辆连接（如需要）；

③将诊断工具与车辆连接，清除故障代码。

（2）故障植入。

使用故障件、模拟器设置故障并激活相关故障（故障程度和设置方法可能依车型差异而不同）（模拟器需经主管机构同意）。

（3）故障状态下的预处理和验证测试。

①将车辆的点火开关置于"ON"位置。

②使用故障件、模拟器设置故障并激活相关故障（模拟器需经主管机构同意）。

③使用诊断工具存储预处理前和每个循环后的 Service$01、Service$02、Service$03、Service$06、Service$07、Service$09、Service$0A 截图或文件（包括 txt 格式和 xml 格式文件）。

④按要求进行 OBD 试验的预处理：使用相应的循环（如 WLTC）进行预处理，不得要求试验车辆在预处理前进行冷浸，如需要进行附加的预处理循环，应在首次预处理结束后进行 10 min 的热浸处理（点火开关置于"OFF"位置），再运行一个和首次预处理相同的循环，或者企业申请的替代循环。预处理循环无须测量排放结果。

⑤循环结束后，将点火开关置于"OFF"位置，放置 60 s 以上。

⑥按要求进行 OBD 试验的验证循环，如果初次故障监测已经在预处理循环中实现，则无须进行该验证试验；如果监测被设计在 WLTC 循环之外，可运行附加的测试循环（替代循环），以保证 OBD 系统存储确认故障码和点亮 MIL。验证循环无须测量排放结果。对特定的监测项目（如冷启动减排策略），出于监测策略要求，在验证测试循环前可以进行冷浸。

⑦保证车辆在 20℃～26℃的范围内浸车 6～36 h，但需要确保试验开始前发动机冷却液和机油温度在 21℃～25℃的范围内。

（4）排放测试。

①将车辆的点火开关置于"ON"位置；

②使用故障件、模拟器或者软件设置二次空气系统故障（如果需要）（模拟器需经主管机构同意）；

③行驶一个 WLTC 循环；

④循环结束后，将点火开关置于"OFF"位置；

⑤在排放循环后使用诊断工具存储 Service$01、Service$02、Service$03、Service$06、Service$07、Service$09、Service$0A 截图或文件（包括 txt 格式和 xml 格式文件）；

⑥完整记录该 WLTC 循环的排放测试数据。

（5）车辆基准状态复位操作。

①该项监测功能验证通过后，方可针对下一项测试内容为车辆进行准备；

②恢复车辆状态，清除故障码，断开诊断工具。

4.8.3.6 燃油系统验证

（1）配置车辆。

①将标定工具与车辆连接（如需要）；

②将诊断工具与车辆连接，清除故障代码。

（2）故障植入。

使用故障件、模拟器或软件设定燃油系统故障导致的混合气向稀侧或向浓侧漂移的程度，以××%计（模拟器或软件模拟需经主管机构同意）（具体数值可能依车型差异而不同）。

（3）故障状态下的预处理和验证测试。

①将车辆的点火开关置于"ON"位置。

②使用故障件、模拟器或软件设置燃油系统故障（模拟器或软件模拟需经主管机构同意）。

③使用诊断工具存储预处理前和每个循环后的 Service$01、Service$02、Service$03、Service$06、Service$07、Service$09、Service$0A 截图或文件（包括 txt 格式和 xml 格式文件）。

④按要求进行 OBD 试验的预处理：使用相应的循环（如 WLTC）进行预处理，不得要求试验车辆在预处理前进行冷浸，如需要进行附加的预处理循环，应在首次预处理结束后进行 10 min 的热浸处理（点火开关置于"OFF"位置），再运行一个和首次预处理相同的循环，或者企业申请的替代循环。预处理循环无须测量排放结果。

⑤循环结束后，将点火开关置于"OFF"位置，放置 60 s 以上。

⑥按要求进行 OBD 试验的验证循环，如果初次故障监测已经在预处理循环中实现，则无须进行该验证试验；如果监测被设计在 WLTC 循环之外，可运行附加的测试循环（替代循环），以保证 OBD 系统存储确认故障码和点亮 MIL。验证循环无须测量排放结果。

⑦保证车辆在 20℃～26℃的范围内浸车 6～36 h，但需要确保试验开始前发动机冷却液和机油温度在 21℃～25℃的范围内。

（4）排放测试。

①将车辆的点火开关置于"ON"位置；

②使用故障件、模拟器设置故障，或使用软件植入故障，并激活相关故障（模拟器或软件模拟需经主管机构同意）；

③行驶一个 WLTC 循环；

④循环结束后，将点火开关置于"OFF"位置；

⑤在排放循环后使用诊断工具存储 Service$01、Service$02、Service$03、Service$06、Service$07、Service$09、Service$0A 截图或文件（包括 txt 格式和 xml 格式文件）；

⑥完整记录该 WLTC 循环的排放测试数据。

（5）车辆基准状态复位操作。

①该项监测功能验证通过后，方可针对下一项测试内容为车辆进行准备；

②恢复车辆状态，清除故障码，断开标定工具与诊断工具。

4.8.3.7　冷启动减排策略系统验证

（1）配置车辆。

①将标定工具与车辆连接（如需要）；

②将诊断工具与车辆连接，清除故障代码。

（2）故障植入。

使用故障件、模拟器或使用软件工具设置故障（模拟器或软件模拟需经主管机构同意）。

（3）故障状态下的预处理和验证测试。

①将车辆的点火开关置于"ON"位置。

②使用故障件、模拟器或使用软件工具设置故障（模拟器或软件模拟需经主管机构同意）。

③使用诊断工具存储预处理前和每个循环后的 Service$01、Service$02、Service$03、Service$06、Service$07、Service$09、Service$0A 截图或文件（包括 txt 格式和 xml 格式文件）。

④按要求进行 OBD 试验的预处理：使用相应的循环（如 WLTC）进行预处理，不得要求试验车辆在预处理前进行冷浸，如需要进行附加的预处理循环，应在首次预处理结束后进行 10 min 的热浸处理（点火开关置于"OFF"位置），再运行一个和首次预处理相同的循环，或者企业申请的替代循环。预处理循环无须测量排放结果。

⑤循环结束后，将点火开关置于"OFF"位置，放置 60 s 以上。

⑥按要求进行 OBD 试验的验证循环，如果初次故障监测已经在预处理循环中实现，则无须进行该验证试验；如果监测被设计在 WLTC 循环之外，可运行附加的测试循环（替代循环），以保证 OBD 系统存储确认故障码和点亮 MIL。验证循环无须测量排放结果。

⑦保证车辆在 20℃～26℃的范围内浸车 6～36 h，但需要确保试验开始前发动机冷却液和机油温度在 21℃～25℃的范围内。

（4）排放测试。

①将车辆的点火开关置于"ON"位置；

②使用故障件、模拟器或使用软件工具设置故障（模拟器或软件模拟需经主管机构同意）；

③行驶一个 WLTC 循环；

④循环结束后，将点火开关置于"OFF"位置；

⑤在排放循环后使用诊断工具存储 Service$01、Service$02、Service$03、Service$06、Service$07、Service$09、Service$0A 截图或文件（包括 txt 格式和 xml 格式文件）；

⑥完整记录该 WLTC 循环的排放测试数据。

（5）车辆基准状态复位操作。

①该项监测功能验证通过后，方可针对下一项测试内容为车辆进行准备；

②恢复车辆状态，清除故障码，断开标定工具与诊断工具。

4.8.3.8 加热型催化器系统验证

（1）配置车辆。

①将标定工具与车辆连接（如需要）；

②将诊断工具与车辆连接，清除故障码。

（2）故障植入。

设置催化器加热性能故障。

（3）故障状态下的预处理和验证测试。

①将车辆的点火开关置于"ON"位置。

②使用诊断工具存储预处理前和每个循环后的 Service$01、Service$02、Service$03、Service$06、Service$07、Service$09、Service$0A 截图或文件（包括 txt 格式和 xml 格式文件）。

③按要求进行 OBD 试验的预处理：使用相应的循环（如 WLTC）进行预处理，不得要求试验车辆在预处理前进行冷浸，如需要进行附加的预处理循环，应在首次预处理结束后进行 10 min 的热浸处理（点火开关置于"OFF"位置），再运行一个和首次预处理相同的循环，或者企业申请的替代循环。预处理循环无须测量排放结果。

④循环结束后，将点火开关置于"OFF"位置，放置 60 s 以上。

⑤按要求进行 OBD 试验的验证循环，如果初次故障监测已经在预处理循环中实现，则无须进行该验证试验；如果监测被设计在 WLTC 循环之外，可运行附加的测试循环（替代循环），以保证 OBD 系统存储确认故障码和点亮 MIL。验证循环无须测量排放结果。

⑥保证车辆在 20℃～26℃的范围内浸车 6～36 h，但需要确保试验开始前发动机冷却液和机油温度在 21℃～25℃的范围内。

（4）排放测试。

①将车辆的点火开关置于"ON"位置；

②设置催化器加热性能故障；

③行驶一个 WLTC 循环；

④循环结束后，将点火开关置于"OFF"位置；

⑤在排放循环后使用诊断工具存储 Service$01、Service$02、Service$03、Service$06、Service$07、Service$09、Service$0A 截图或文件（包括 txt 格式和 xml 格式文件）；

⑥完整记录该 WLTC 循环的排放测试数据。

（5）车辆基准状态复位操作。

①该项监测功能验证通过后，方可针对下一项测试内容为车辆进行准备；

②恢复车辆状态，清除故障代码，断开诊断工具。

4.8.3.9　蒸发系统验证

（1）配置车辆。

①正确安装符合要求的 0.5 mm 或 1 mm 泄漏孔到车辆燃油系统的炭罐附近或加油口附近；

②将标定工具与车辆连接（如需要）；

③将诊断工具与车辆连接。

（2）故障状态下的功能测试。

①如果蒸发系统只能在企业定义的冷启动驾驶循环进行，企业需向主管部门申请并获批准后方可使用自定义的冷启动驾驶循环。

②将车辆的点火开关置于"ON"位置。

③使用诊断工具存储初次故障确认循环前后的 Service$01、Service$02、Service$03、Service$06、Service$07、Service$09、Service$0A 截图或文件（包括 txt 格式和 xml 格式文件）。

④故障初次确认循环：将试验车辆运行在企业定义的合适的工况下（如合适的浸车温度和时间、合适的驾驶工况等），以便满足必要的监测条件，完成故障的初次确认循环。试验可以在实验室、有或没有测功机，或者在室外路面条件下进行。

⑤点火开关置于"OFF"位置后放置 60 s 以上。

⑥亮灯循环：将试验车辆运行在企业定义的合适的工况下（如合适的浸车温度和时

间、合适的驾驶工况等），以便满足必要的监测条件，完成故障确认和点亮 MIL 的条件。试验可以在检验室、有或没有测功机，或者在室外路面条件下进行。

⑦在亮灯循环后使用诊断工具存储 Service\$01、Service\$02、Service\$03、Service\$06、Service\$07、Service\$09、Service\$0A 截图或文件（包括 txt 格式和 xml 格式文件）。

（3）车辆基准状态复位操作。

①该项监测功能验证通过后，方可针对下一项测试内容为车辆进行准备；

②恢复车辆状态，清除故障代码，断开诊断工具。

4.8.3.10 催化器系统验证

（1）配置车辆。

①更换临界催化器；

②将标定工具与车辆连接（如需要）；

③将诊断工具与车辆连接，清除故障码。

（2）故障状态下的预处理和验证测试。

①将车辆的点火开关置于"ON"位置。

②使用诊断工具存储预处理前和每个循环后的 Service\$01、Service\$02、Service\$03、Service\$06、Service\$07、Service\$09、Service\$0A 截图或文件（包括 txt 格式和 xml 格式文件）。

③按要求进行 OBD 试验的预处理：使用相应的循环（如 WLTC）进行预处理，不得要求试验车辆在预处理前进行冷浸，如需要进行附加的预处理循环，应在首次预处理结束后进行 10 min 的热浸处理（点火开关置于"OFF"位置），再运行一个和首次预处理相同的循环，或者企业申请的替代循环。预处理循环无须测量排放结果。

④循环结束后，将点火开关置于"OFF"位置，放置 60 s 以上。

⑤按要求进行 OBD 试验的验证循环，如果初次故障监测已经在预处理循环中实现，则无须进行该验证试验；如果监测被设计在 WLTC 循环之外，可运行附加的测试循环（替代循环），以保证 OBD 系统存储确认故障码和点亮 MIL。验证循环无须测量排放结果。

⑥保证车辆在 20℃～26℃的范围内浸车 6～36 h，但需要确保试验开始前发动机冷却液和机油温度在 21℃～25℃的范围内。

（3）排放测试。

①将车辆的点火开关置于"ON"位置；

②行驶一个 WLTC 循环；

③循环结束后，将点火开关置于"OFF"位置；

④在排放循环后使用诊断工具存储 Service\$01、Service\$02、Service\$03、Service\$06、Service\$07、Service\$09、Service\$0A 截图或文件（包括 txt 格式和 xml 格式文件）；

⑤完整记录该 WLTC 循环的排放测试数据。

（4）车辆基准状态复位操作。

①该项监测功能验证通过后，方可针对下一项测试内容为车辆进行准备；

②恢复车辆状态复位，清除故障代码，断开诊断工具。

4.8.3.11　GPF 系统验证

（1）配置车辆。

①正确安装缺失了 GPF 载体的故障件到车辆上；

②将标定工具与车辆连接（如需要）；

③将诊断工具与车辆连接，清除故障代码。

（2）故障状态下的预处理和验证测试。

①将车辆的点火开关置于"ON"位置。

②使用诊断工具存储预处理前和每个循环后的 Service\$01、Service\$02、Service\$03、Service\$06、Service\$07、Service\$09、Service\$0A 截图或文件（包括 txt 格式和 xml 格式文件）。

③按要求进行 OBD 试验的预处理：使用相应的循环（如 WLTC）进行预处理，不得要求试验车辆在预处理前进行冷浸，如需要进行附加的预处理循环，应在首次预处理结束后进行 10 min 的热浸处理（点火开关置于"OFF"位置），再运行一个和首次预处理相同的循环，或者企业申请的替代循环。预处理循环无须测量排放结果。

④循环结束后，将点火开关置于"OFF"位置，放置 60 s 以上。

⑤按要求进行 OBD 试验的验证循环，如果初次故障监测已经在预处理循环中实现，则无须进行该验证试验；如果监测被设计在 WLTC 循环之外，可运行附加的测试循环（替代循环），以保证 OBD 系统存储确认故障码和点亮 MIL。验证循环无须测量排放结果。

⑥如果需要，企业可以提出申请在亮灯循环前车辆进行浸车，应保证车辆在 20℃～26℃的范围内浸车 6～36 h。

（3）功能测试。

①将车辆的点火开关置于"ON"位置；

②行驶一个 WLTC 循环或替代循环，无须记录排放测试数据；

③循环结束后，将点火开关置于"OFF"位置；

④在功能测试循环后使用诊断工具存储 Service\$01、Service\$02、Service\$03、

Service$06、Service$07、Service$09、Service$0A 截图或文件（包括 txt 格式和 xml 格式文件）。

（4）恢复车辆基准状态。

①该项监测功能验证通过后，方可针对下一项测试内容为车辆进行准备；

②恢复车辆状态，清除故障代码，断开诊断工具。

4.8.3.12　其他排放控制系统或排放源验证

参考本章相关内容执行。

4.9　K_i 因子测试

试验过程包括：在两个再生阶段之间的排放试验、周期性再生系统的装载过程和再生阶段的排放试验。

4.9.1　在两个再生阶段之间的排放试验

两个再生阶段之间、再生系统装载阶段的平均排放是由多个近似相等（如果多于 2 次）的 I 型试验循环或等效的发动机台架试验循环的算术平均值确定的。作为替代，如果生产企业可以提供数据证明两个再生阶段之间的排放是不变的（±15%），在这种情况下，可采用常规的 I 型试验进行排放测量。否则，应至少进行两次 I 型试验循环或等效的发动机台架试验循环测量汽车排放：一次要紧随再生后（在新的装载前），另一次要在再生阶段之前并且要尽可能地靠近再生时期。需要记录排放测量的次数以及每一次的排放测量值。

4.9.2　周期性再生系统的装载过程

在底盘测功机或在发动机台架上使用 I 型试验循环（也可使用等效的试验循环）进行周期性再生系统的装载，记录装载过程中所使用的循环次数。这些循环可以连续的进行（即不需要在各循环间让发动机熄火），在完成任意一个完整的试验循环后，汽车可以暂时移离底盘测功机，一定时间后再继续进行试验。

4.9.3　再生阶段的排放试验

再生阶段的排放试验，如果有要求则可对汽车进行预处理，在预处理过程中不应发生再生。包含再生过程的冷启动排放试验应按照 I 型试验循环要求完成。如果需要不止一次循环完成再生过程，每个循环都要进行排放测试，而且随后的试验循环要立即进行，不能熄灭发动机，直到整个再生过程完成（再生循环、Ⅰ型试验循环均完成）。应记录完成再生所进行的测试循环数。

4.9.4 计算

对于单一再生系统按照 GB 18352.6—2016 附录 Q.3.1 进行污染物排放和 CO_2 排放计算。

对于复合再生系统按照 GB 18352.6—2016 附录 Q.3.2 进行污染物排放和 CO_2 排放计算。

如果 K_i 乘法因子小于 1，则视其为 1；如果 K_i 减法因子小于 0，则视其为 0。

K_i 因子的确认流程如图 4-10 所示。

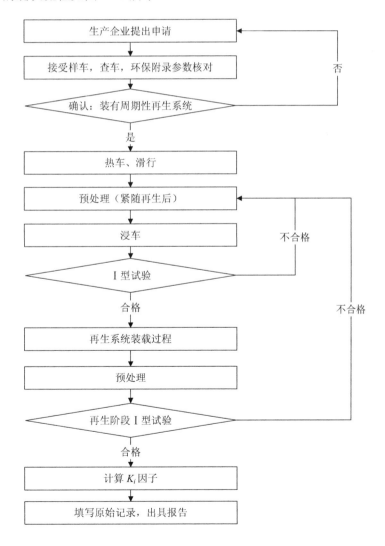

图 4-10 K_i 因子的确定程序

说明：

①由于部分排放试验结果需要 K_i 进行修正，所以建议装有周期性再生系统的车辆在其他试验项目开始之前先进行 K_i 因子确定试验。

②对于两个再生阶段之间的排放试验，流程图中只是列举了最容易操作也最常见的一种做法，如果生产企业要求整个再生系统装载阶段都进行排放测试也是允许的。另外，如果生产企业可以提供数据证明两个再生阶段之间的排放是不变的（±15%），则只需要进行一次排放试验。

③再生阶段的排放可以超过标准规定的相应排放限值，非再生阶段的排放不能超过限值。

④两个再生阶段之间的循环次数除了装载过程本身产生的循环外，还应该包括在此期间发生的预处理和试验循环。

4.10　炭罐测试

4.10.1　炭罐有效容积测试方法

使用全新的炭罐，选用适当方法解剖，倒出全部活性炭，注意不要撒落和遗失。将活性炭装入量杯，使用天平称重，精确到 0.1 g，记录净重量 W_1（g）。从活性炭 W_1 中分出 50 g，使用天平称重，精确到 0.1 g，记录净重量 W_2（g）。将 W_2 的活性炭小心地装入贮料漏斗，使活性炭不可过早地流入量筒。如果发生这种情况，将活性炭倒回贮料漏斗。贮料漏斗的外径应刚好放入量筒内。调整振动加料器上面的贮料漏斗的高度，以便达到活性炭的自由流动。

调整振动加料器的流量控制器，以不小于 0.75 mL/s 且不大于 1.0 mL/s 的均匀速度通过供料漏斗把活性炭装填到量筒内。装填完毕后，记录活性炭容积，记为 V_1（mL）。重复上述步骤两次，三次测量的均值作为测量结果，记为 V_2（mL）。按照下述公式计算炭罐用活性炭容积：

$$活性炭容积 V(\text{mL}) = V_2 \frac{W_1}{W_2}$$

填写试验原始记录和设备使用记录，出具报告。

经过调查，目前活性炭密度为 270～350 g/L，所选取的 50 g 活性炭的容积为 142～185 mL，选取 250 mL 的量筒比较合理，符合量筒应被装填到至少为其容积的 50% 的要求。目前活性炭平均粒径为 1.2～2.2 mm，选取内径为 30～50 mm 的量筒比较合理，符合量筒内径至少应该为活性炭平均粒径的 10 倍的要求，同时考虑到底面积太大对测量结果的影响，规定了内径的上限。

对天平的量程没有提出要求，自主选择合适的量程即可，但是精度必须满足要求。振动加料器的一般振幅为 60 Hz，最大加速度为 0.96 m/s^2，不会对物料产生破坏。对于柱状炭活性炭罐有效容积测量方法应测量柱状炭圆柱直径和长度计算有效容积。

4.10.2　炭罐初始工作能力测试方法

蒸气产生装置如图 4-11 所示。

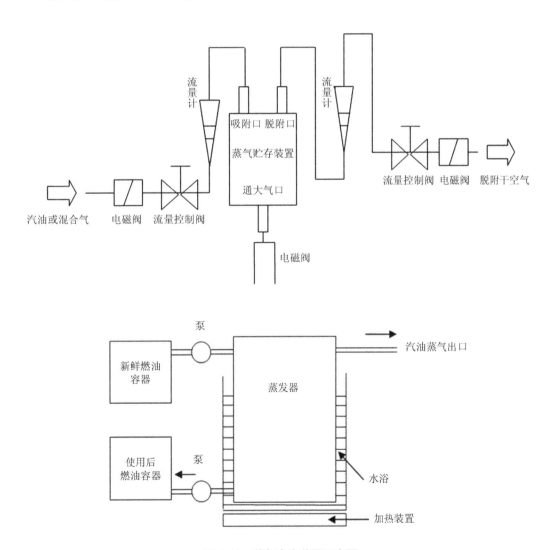

图 4-11　蒸气产生装置示意图

使用汽油进行试验，对蒸气贮存装置进行称重；向蒸气产生装置中加入足够数量的汽油，加热；以 2.4 L/min 的充气速率，向蒸气贮存装置充入 52℃±2℃ 的汽油蒸气，直至临界点；对蒸气贮存装置进行称重。

以温度为 25℃±5℃ 的干空气对蒸气贮存装置进行脱附，脱附流量为 25 L/min±1 L/min，脱附气体量为 600 个蒸气贮存装置有效容积[若蒸气贮存装置最大脱附流量小于 25 L/min±1 L/min 时，采用其最大脱附流量]。

对蒸气贮存装置进行称重；将蒸气产生装置中的汽油放尽。

重复上述步骤 6 次，计算第 5 次和第 6 次循环中测得的蒸气贮存装置质量之差的平均值。

所得平均值与蒸气贮存装置有效容积之比即为装置的初始工作能力；使用丁烷进行试验，对蒸气贮存装置进行称重；使用 50%容积的丁烷和 50%容积的氮气的混合气，以 40 g/h 丁烷的充气速率，在 25℃±5℃ 的条件下使蒸气贮存装置吸附，直至临界点。

对蒸气贮存装置进行称重；以温度为 25℃±5℃ 的干空气对蒸气贮存装置进行脱附，脱附流量为 25 L/min±1 L/min，脱附气体量为 600 个蒸气贮存装置有效容积[若蒸气贮存装置最大脱附流量小于 25 L/min±1 L/min 时，采用其最大脱附流量]。

对蒸气贮存装置进行称重。

计算测得的蒸气贮存装置质量之差的平均值，所得平均值与蒸气贮存装置有效容积之比即为装置的初始工作能力。填写试验原始记录和设备使用记录，出具报告。

第 5 章　型式检验扩展

钱立运　王军方

5.1　总体要求

（1）适用的标准阶段（国六 a、国六 b）不能相互扩展。

（2）若耐久使用推荐劣化系数且满足限值要求，则无须提供扩展报告。

（3）当某一车型已经获得扩展后，此扩展车型不得扩展到其他车型。

（4）不同制造商之间的车型不能互相扩展。

（5）NOVC-HEV 车型的扩展原则与传统燃料车相同，且只能与 NOVC-HEV 车型相互扩展。

（6）OVC-HEV 车型的扩展原则与传统燃料车相同，且只能与 OVC 车型相互扩展。

（7）48V 车型的扩展原则与传统车相同，仅 OBD 试验可以与传统燃料车相互扩展外，其他试验参照混合动力扩展原则。

（8）满足本书 5.2 和 5.3 要求的扩展车型与基准车型属于同一排气排放系族；满足 5.4 要求的扩展车型与基准车型属于同一蒸发排放系族；满足 5.5 要求的扩展车型与基准车型属于同一 OBD 系族；满足 5.6 要求的扩展车型与基准车型属于同一耐久系族。

5.2　与排气污染物有关的扩展（Ⅰ型、Ⅱ型和Ⅵ型试验）

5.2.1　发动机基本特征、参数

发动机的型号、生产厂、燃料种类、额定功率、燃料喷射方式（直喷、非直喷）相同。

5.2.2　污染控制装置

（1）以下污染控制装置规格、型号相同：

包括但不限于 ECU 软件及硬件、氧传感器、氮氧传感器、增压器、二次空气喷射、喷油泵、喷油器、EGR 系统、LPG/NG 燃气喷射单元、VVT 系统。

（2）后处理装置型号相同，排放控制相关的基本特性、参数和部件相同：

➢　后处理装置的数量；

➢　后处理装置的作用型式；

➢　载体（结构、体积、孔密度、尺寸和材料）；

➢　载体生产企业；

➢　涂层生产企业；

➢　贵金属总含量相同或增加；

➢　贵金属比例（指各贵金属占总贵金属比例）；

➢　后处理装置壳体的型式；

➢　后处理装置安装的位置（在排气管中的位置和基准距离）。

（3）中冷器（增压或者 EGR 系统）有无；若有，型式相同。

（4）装有再生系统的车型发动机燃烧过程，再生系统有关排放的基本特性、参数和部件相同：

➢　系统的型式和结构；

➢　再生类型和原理（周期性再生、非周期性再生系统）；

➢　载体（结构、材料、孔密度）；

➢　载体体积±10%以内；

➢　载体生产企业；

➢　涂层生产企业；

➢　贵金属总含量相同或增加；

➢　贵金属比例（指各贵金属占总贵金属比例）；

➢　系统安装的位置。

5.2.3　测试质量

（1）如果测试质量小于基准车型测试质量的 1.03 倍，则可以扩展到该车型。

（2）对于第二类车，如果拟扩展车型的测试质量小于基准车型测试质量的 1.03 倍，且基准车型测得的污染物排放量满足拟扩展车型对应的排放限值要求，则可以扩展到该车型。

对于 M1 类车，由于车身座位数量的选择而跨越第一类车和第二类车界限时，允许不同类型的车辆相互视同，但已经试验的基础车型的排气污染物实测结果应满足视同车型的相应限值要求。

5.2.4　总传动比

在下列条件下，基准车型可以扩展到仅传动比不同的其他车型。

（1）对于在 I 型和 VI 型试验中所使用的每一传动比，均须确定其比例：

$$E = \frac{V_2 - V_1}{V_1}$$

式中，V_1 和 V_2 分别为发动机转速在 1 000 r/min 时基准车型和要求扩展车型所对应的车速。

（2）对每一传动比，若 $|E| \leqslant 8\%$，则可以扩展到该车型。

5.2.5　测试质量和传动比不同的车型

只要完全符合上述 5.2.3 和 5.2.4 规定的条件，则某一已通过型式检验的车型，可以扩展到测试质量和传动比不同的其他车型。

5.2.6　驱动型式相同

驱动型式分为：两驱、非全时四驱（可通过手动或软件切换驱动方式）、全时四驱（不可通过手动或软件切换驱动方式）。两驱和非全时四驱的车型可以互相扩展，全时四驱可以单向向两驱扩展。

5.2.7　变速箱型式相同

手动、自动、CVT 或其他型式。

5.2.8　K_i 因子的使用

装有周期性再生系统车型的 K_i 由 GB 18352.6—2016 附录 Q 规定的程序得出，该程序用于装有周期性再生系统车型的型式检验。K_i 因子可以用于满足本章 5.2.2 中（4）的相关标准并且测试质量不大于基准车型加 250 kg。

5.2.9 PN限值相同

PN 测试结果满足 6×10^{11} 和不满足 6×10^{11} 车型不能相互扩展。

5.2.10 RDE 实施要求相同

RDE 满足 CF 因子要求不同不能相互扩展。

5.3 与曲轴箱排放有关的扩展（Ⅲ型试验）

发动机型号、生产厂家相同，曲轴箱排放污染控制方式相同。

5.4 与蒸发、加油过程污染物有关的扩展（Ⅳ型和Ⅶ型试验）

5.4.1 燃油箱

- ➢ 燃油箱的形状，燃油箱和液体燃油软管的材料相同；
- ➢ 燃油箱的容积差在±10%以内；
- ➢ 气液分离器的类型（如适用）和油箱的呼吸阀种类、排放型式相同；
- ➢ 燃油箱呼吸阀开启压力的设定相同；
- ➢ 油箱热屏蔽装置（有或无）；
- ➢ 加油管防止油气外泄的密封方式相同；
- ➢ 油箱盖相同。

5.4.2 燃料或空气计量方式

燃料或空气计量的基本原理相同（如有无节气门，进气道多点喷射、单点喷射，缸内直喷的汽车不能在同一系族内）。

5.4.3 炭罐

- ➢ 储存燃油蒸气的方法相同，即活性炭罐和贮存介质的规格型号、材料及生产厂、空气滤清器（如果用于蒸发污染物排放控制）等；
- ➢ 脱附贮存蒸气的方法相同（如启动点设定相同；空气流量或测试循环中的脱附

容积误差在 10%以内）；

➤ 燃油系统内炭罐系统结构相同；

➤ 脱附阀基本原理相同（电磁式或机械式）；

➤ 利用《环境保护产品技术要求汽油车燃油蒸发污染物控制系统（装置）》(HJ/T 390—2007) 测得的炭罐丁烷工作量（BWC）有效吸附量（吸附丁烷的速率为 40 g/h）的差异在 10 g 以内；

➤ 如果使用了炭罐脱附和（或）进气系统的碳氢化合物吸附装置，那么系族内所有的汽车也必须配备这些装置。

5.4.4 燃油蒸发污染物控制系统相同

整体控制系统、非整体控制系统、非整体仅控制加油排放炭罐系统或其他系统。

5.4.5 扩展车型下列条件可以不同

➤ 发动机排量；

➤ 发动机功率；

➤ 自动变速器和手动变速器；

➤ 两轮和四轮驱动；

➤ 车身形状；

➤ 车轮和轮胎尺寸。

5.5 与 OBD 系统有关的扩展

下述参数相同的车型，被视为属于同一 OBD 系统系族。

5.5.1 发动机

➤ 燃烧过程（即点燃式、压燃式、二冲程、四冲程）；

➤ 发动机燃油供给方式（即单点、多点、直喷、其他）；

➤ 燃料类型（即汽油、柴油、NG、LPG、汽油/NG 两用燃料、汽油/LPG 两用燃料）。

5.5.2 污染控制装置

➤ 催化转化器型式（即氧化型、三效型、加热催化、SCR、其他）；

> ➢ 颗粒捕集器（即有或无）；

> ➢ 二次空气喷射（即有或无）；

> ➢ 废气再循环（EGR）（即有或无）。

5.5.3 动力传动系统

混合动力电动汽车（即是或否）。

5.5.4 车辆电子控制单元和 OBD 系统部件和功能

GB 18352.6—2016 附录 J.4.1～J.4.15 中所写的 OBD 系统功能性监测策略、故障监测策略和向汽车驾驶员指示故障的方法。

耐久里程要求不同的，满足 20 万 km 耐久的 OBD 系统可以扩展到 16 万 km，而满足 16 万 km 耐久的 OBD 系统不能扩展到 20 万 km 耐久的 OBD 系统。

扩展车型的下列特性可以不同：

> ➢ 发动机附件；

> ➢ 轮胎；

> ➢ 测试质量；

> ➢ 冷却系统；

> ➢ 总传动比；

> ➢ 变速器型式；

> ➢ 车身型式。

5.6 与污染控制装置耐久性有关的扩展（V 型试验）

5.6.1 与排气污染物控制装置耐久性有关的扩展

（1）汽车测试质量。

如果测试质量小于基准车型测试质量的 1.03 倍，则可以扩展到该车型。

（2）发动机制造商及下列基本特性、参数相同。

> ➢ 气缸数；

> ➢ 发动机排量（±15%）；

> ➢ 气门数及气门控制；

> 燃油系统；

> 冷却系型式；

> 燃烧过程。

（3）污染控制装置。

> 二次空气喷射系统：有或无、型式（脉动、空气泵）；

> EGR 系统（有或无）。

后处理装置在耐久性方面扩展条件参照本章 5.2.2（2）及 5.2.2（4）要求，当发生以下变化时可以扩展：

> 型号不同；

> 每种贵金属比例的变化不超过 15%；

> 后处理装置的位置（位置和尺寸不应使入口温度的差异大于 50℃，应在Ⅰ型试验设定载荷和 120 km/h 匀速行驶条件下检查该温度差异）。

以上排放关键部件的扩展特殊要求：企业提交变更型号的相关控制文件及技术性能的技术资料（及其相关报告），经检测确认不影响产品排放性能的，做出书面说明后可进行扩展。

（4）后处理装置相同的车辆，且满足本章 5.6 中其他扩展条件的车辆，发动机台架老化试验基准车型可扩展。

（5）耐久里程要求。

不同耐久里程之间不能相互扩展。

（6）扩展车型的下列特性可以不同。

> 车身；

> 变速器（自动或手动）；

> 车轮或轮胎的尺寸；

> 后处理装置封装厂。

5.6.2　与蒸发排放污染控制装置耐久性有关的扩展

以下装置的参数相同或能保持在规定的范围内：

> 活性炭罐规格型号、材料和生产厂相同；

> 活性炭装载量（相同或更多）；

> 燃油箱容积（不超过±20%）。

5.6.3 与加油排放污染控制装置耐久性有关的扩展

以下装置的参数相同或能保持在规定的范围内：

➢ 活性炭炭罐规格型号、材料和生产厂相同；

➢ 活性炭装载量（相同或更多）；

➢ 燃油箱容积（不超过±20%）；

➢ 相同的加油排放控制系统（型号）。

5.7 与加速行驶车外噪声有关的扩展

加速行驶车外噪声检验按照《汽车加速行驶车外噪声限值及测量方法》（GB 1495—2002）汽车加速行驶车外噪声限值及测量方法进行。

➢ 车身或驾驶室外形相同（半高顶、高顶驾驶室可以认为与普通驾驶室外形相同。对于单排、排半、双排同一系列车型，配备排半、双排系列驾驶室的车型可以用单排驾驶室的车型来视同，反之不可）；

➢ 车长和车宽变化不大于 5%（车长相同或增加）；

➢ 轴数相同、驱动轴数量、位置相同；

➢ 轮胎数量相同；

➢ 整备质量相同或增加；

➢ 发动机机舱结构布置及其隔声材料相同；

➢ 发动机型号、制造商相同；

➢ 发动机位置相同（前置、中置、后置）；

➢ 变速器挡位数及其速比相同；

➢ 变速器型式相同；

➢ 降噪系统和降噪系统部件相同；

➢ 排气管位置和朝向相同；

➢ M1、N1 外的汽车，具有同类型发动机和不同总速比时，当车长和传动系的变化不会导致噪声测量方法（如挡位选择）的变化时，可以视同；

➢ 已型式核准车型测得的噪声测量值在要求扩展车型所规定的限值之内。

5.8　与油耗有关的扩展

为实现排放油耗协同管理，国五、国六轻型车信息公开保留油耗检验，按照《乘用车燃料消耗量限值》（GB 19578—2014）和《轻型汽车燃料消耗量试验方法》（GB/T 19233—2020）试验项目。国五、国六车型之间不允许互相扩展。

以下装置的参数相同或能保持在规定的范围内：

➢　发动机基本特性、参数和部件相同（同轻型汽车排气污染物要求）；

➢　排气污染控制装置相同（同轻型汽车排气污染物要求）；

➢　驱动型式相同；

➢　变速器型式相同；

➢　每一挡位传动比相同或变化不超过 8%；

➢　由选装轮胎滚动周长不同引起的总速比变化不超过 8%；

➢　基准质量处于同一限值质量段内，或基准质量减少且燃油消耗量满足该基准质量段内限值。

注：对于有多个模式选择（如经济模式、运动模式、两驱模式、四驱模式可选）的同一个车型，以车辆启动时的默认模式为试验模式。

第6章 OBD 量产车评估测试要求

肖 寒 王明达

6.1 总体要求

OBD 生产一致性检查和试验按 GB 18352.6—2016 附录 JA.7 执行，附录 JA.7 规定了量产车辆评估测试（PVE），PVE 作为生产车辆 OBD 系统生产一致性（COP）自我检查的重要组成部分，车辆正式量产之后，企业需提交 PVE 测试计划和报告，并接受监督检查。

生产企业应制订年度 PVE 测试计划并通过环保信息公开系统（以下简称系统）在每年 4 月 1 日前提交当年计划，系统每季度提供一次计划修改、报告和检验信息上传的窗口时间，生产企业应按要求选择最为临近的时间窗口进行结果上传。如年度 PVE 测试计划发生变更，企业应及时在系统中更新年度 PVE 计划。企业应在 PVE 测试计划提交的同时将监测要求验证（J2）涉及的车型的包括所有 DTC 的完整的 summary table 也一并通过信息公开系统上传，如该车型完整的 summary table 已在型式检验材料中提交，则无须再次上传。

PVE 测试由标准化验证、监测要求验证以及在用监测性能的验证和报告三部分组成，生产企业应当以 OBD 系族为基础编制 PVE 测试计划，并在 OBD 系族内分别划分标准化验证（J1）、监测要求验证（J2）以及在用监测性能测试分组（J3），根据分组情况选择代表性车辆测试和数据统计，定期向监管部门提交计划报告，评估流程见图 6-1。

国产车型 PVE 测试应在国内进行；进口车型的 J1 验证和 J2 验证可以在国外进行，J3 验证必须在国内进行。

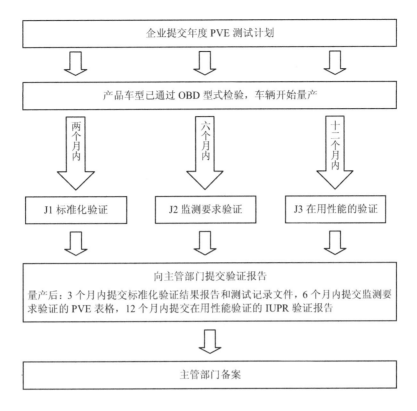

图 6-1　量产车评估测试流程

国产车型 J1 验证和 J2 验证提交报告依据的量产时间以随车清单生产时间为准, 进口车型（包括在国外进行 J1 验证和 J2 验证的）J1 验证和 J2 验证提交报告依据的量产时间以随车清单进口时间为准（2018 年的量产车型含在 2019 年的测试计划中, 首次 J2 的验证报告递交时间以 2019 年车型进口时间为准）, J3 验证提交报告依据的量产时间均以首辆车辆国内注册登记日期为准。

由于排放中性诊断以及安全相关诊断需要详细讨论定义, 加利福尼亚州空气资源委员会要求从 2019 年才开始申报, 因此尽管标准中已经提及, 但目前 OBD 申报材料中仅申报与排放相关的故障代码, 其他排放中性诊断故障码以及安全相关故障码暂不要求报送。

原则上企业可以对已提交的 PVE 计划进行修改和调整, 不同法人必须单独开展 PVE 工作。

6.2　测试车辆的选取

根据 GB 18352.6—2016 附录 JA.7 中的规定, 对满足 GB 18352.6—2016 附录 JB 规定

的同一汽车 OBD 系族的车辆，生产企业应选择其中一辆（或多辆）具有代表性的车辆进行验证。

为了使包含在同一个 OBD 系族中，但具有不同差异的 OBD 系统能够得到验证，生产企业应编制标准化验证测试组（以下简称 JA71 测试组）、监测要求测试组（以下简称 JA72 测试组）和在用性能监测测试组（以下简称 JA73 测试组），并在每个测试组分别选取车辆并进行验证。

（1）生产企业在编制 PVE 测试组时，为保证 OBD 系族内具有显著通信系统构架差异以及 OBD 系统监测功能触发条件不同的车型都能够得到验证，JA71 测试组、JA73 测试组可参考以下条件（但不限制于）：

> 关键诊断或排放电子动力控制单元（DEC-ECU）；

> 软件版本号；

> 硬件配置；

> 总线通信结构和总线拓扑存在显著差异的。

（2）企业相对自身采用了新的控制器或者拓扑结构发生明显变化的车型，生产企业在编制 PVE 测试组时，JA72 测试组可参考以下条件（但不限制于）：

> 关键诊断或排放电子动力控制单元（DEC-ECU）的数量；

> DEC-ECU 的特性（如虽然同样是 TCM，对于 AT 和 DCT/CVT 还是不同的）。

（3）当全部 OBD 系统中的所有测试组的车型均被测试，企业可自行选择测试车型，并在 PVE 计划中进行说明并向监管部门进行备案。并且，每一年度生产企业的 J2 测试原则上不应少于三个车型，如 JA72 测试组少于三个则可少于三台，但不能少于测试组数量。

生产企业应当在 PVE 测试计划中，对本企业的 OBD 系族定义规则、OBD 系族数量、每个 OBD 系族中所包含的测试组名称（如适用）、测试组数量以及每个测试组中包含的车辆型号进行解释和说明（如需要提供参考表格）。当 OBD 系族以及其中所包含测试组发生变化时，应当在测试计划中及时进行情况更新说明。如果生产企业新增车型或者系族，而当年的计划已经提交的情况下，可以在下一年的 PVE 计划中进行考虑。

当全部 OBD 系统中的所有测试组的车型均被测试，企业可自行选择测试车型，并在 PVE 计划中进行说明并向监管部门进行备案。

生产企业在制订年度 PVE 测试计划时，应依据以下原则选取 OBD 系族及车型。

6.2.1　JA71 测试和 JA73 测试车辆选取依据

生产企业制订的 J1 计划和 J3 计划应涵盖所在测试年度中所有新增 OBD 系族，即保证在新增的 OBD 系族信息公开后首年，每一个新增的 OBD 系族中均挑选一辆（或多辆）代表性车辆，按照标准规定的时间要求（J1 为 2 个月，J3 为 12 个月）完成量产车辆评估测试。

当年度新增的 OBD 系族不足三个时，应当优先进行安排在每一个新增的 OBD 系族中均挑选一辆（或多辆）代表性车辆进行试验，并在已测试过的 OBD 系族中选取未被测试过的测试组中挑选一辆（或多辆）代表性车辆进行试验，直至满足至少三个车型完成测试。

如企业当年量产系族 JA71 测试组和 JA73 测试组少于三个，则 J1 测试和 J3 测试可少于三个车型，但不应少于系统数量，J1 测试选择车辆总数应与 J2 测试选择的一致，J3 测试 IUPR 率统计车型数与 J2 一致。

车辆选取原则按照优先级划分选取。

6.2.2　JA72 测试车辆选取依据

企业应按照车辆优先级从当年量产系族中选择一辆（或多辆）具有代表性的车辆进行测试，从尽可能多的 OBD 系族中选取三个不同测试组的代表车辆进行测试。直至全部 OBD 系族中所有测试组的代表车辆均已被选取并按照标准规定的时间要求（J2 测试为 6 个月）完成量产车辆评估测试。

如当年量产系族少于三个，则 J2 测试可以少于三个，但不能少于系族数量。

6.2.3　车辆选取优先级

第一优先级：测试年度新增 OBD 系族的；

第二优先级：之前年度的新增 OBD 系族但尚未被测试过的系族的；

第三优先级：已测试的 OBD 系族中尚未被测试过的测试组；

第四优先级：已测试的 OBD 系族中已被测试过的测试组中未被测试过的车型；

第五优先级：已测试过的车型。

对于无法适用以上车辆选取规定的情况，生产企业可向主管部门提出申请并提交自定义的 PVE 计划建议。PVE 测试车辆选择方法见表 6-1。

表 6-1　PVE 测试车辆选择

		J1 数量（最低要求）	J2 数量（最低要求）	J3 数量（最低要求）
当年生产的所有 OBD 系族总计大于等于三个（含当年新增 OBD 系族）	当年新增 OBD 系族大于等于三个	当年所有新增的 OBD 系族中各选一辆	从所有新增的 OBD 系族中共计选择三辆（分别来自不同的 OBD 系族）	当年所有新增的 OBD 系族中各选一组
	当年新增 OBD 系族小于三个	当年所有新增的 OBD 系族中各选一辆，再从之前已被测试过的 OBD 系族中未被测试的测试组中继续选择，直至凑足（至少）三辆	当年所有新增的 OBD 系族中各选一辆，再从之前已被测试过的 OBD 系族中未被测试的测试组中继续选择，直至凑足三辆	当年所有新增的 OBD 系族中各选一组，再从之前已被测试过的 OBD 系族中未被测试的测试组中继续选择，直至凑足（至少）三组
	当年无新增系族	从尽可能多的已选 OBD 系族中选择未选测试组，凑足（至少）三辆	从尽可能多的已选 OBD 系族中选择未选测试组，凑足三辆	从尽可能多的已选 OBD 系族中选择未选测试组，凑足（至少）三组
当年生产的所有 OBD 系族总计少于三个（含当年新增 OBD 系族）	N/A	所有 OBD 系族各选一台车	所有 OBD 系族各选一台车	所有 OBD 系族各选一组

注：对于所有 OBD 系族大于等于三个的 OEM，每年都要进行（至少）三台 J1，三台 J2，（至少）三组 J3。当所有车型均被选过之后，需选择已做过的车型重复 PVE 测试。

6.3　试验程序

6.3.1　标准化验证

6.3.1.1　试验目的

确认车辆满足 GB 18352.6—2016 附录 J.6.3 和附录 J.6.4 有关 SAE J 1978 扫描工具与排放相关信息之间的通信要求以及 SAE J 1699-3（vehicle validation）的要求。

6.3.1.2　试验总体要求

生产企业应在量产后 2 个月以内进行并在量产后 3 个月以内提交标准化验证报告；

生产企业应当自行组织标准化验证并按时向监管部门提交报告和测试结果；

应采用外部设备进行测试，所选的外部设备应能满足 SAE J 1699-3 和 SAE J 2534 中对测试软件和硬件配置的最低要求，并使用相关测试的 SAE J 1699-3 最新的软件进行。

其他要求参照 GB 18352.6—2016 附录 JA.7.1 标准化验证试验的规定。

6.3.1.3 试验内容

按 GB 18352.6—2016 附录 JA.7.1.4 中要求的内容进行验证测试，具体内容为 SAE J 1699-3 中的"静态"测试部分。

6.3.1.4 试验程序

将车辆诊断口通过外部设备与电脑相连，启动 SAE J 1699 软件测试程序。

测试程序自动进行，测试者按提示要求进行操作，例如，提示打开和关闭点火开关、启动发动机、制造故障或移除故障等。

测试结果将以 ASC Ⅱ 码的形式写到 LOG 文件中，此文件应进行存档并提交。

6.3.1.5 结果报告

在进行标准化验证的过程中，生产企业如果发现不符合标准化要求的问题时应在一个月内通知主管部门。生产企业应向主管部门提交一份关于所发现问题的书面报告，并提出正确解决该问题的办法（如果有）。主管部门在同意解决方案时，应考虑以下因素：问题的严重性、I/M 项目测试的影响、对技术服务人员获得要求的诊断信息的影响、对设备和工具生产厂的影响以及实施该解决方案所需的时间。

如果车辆通过了标准化验证测试，车辆生产企业应在开始生产后的 3 个月内将结果报告和测试记录文件提交给主管部门。

对于在标准化验证评估测试中发现的问题，企业可以按 GB 18352.6—2016 附录 J.7.4 的规定申请缺陷。

6.3.2 监测要求验证

6.3.2.1 试验目的

对量产车辆 OBD 系统进行全面评估。

6.3.2.2 试验基本要求

生产企业在进行评估测试前应提交测试计划；

监测要求验证测试应在产品车辆量产后的 6 个月内完成；

生产企业应当自行组织监测要求验证并按时向监管部门提交报告和测试结果。

6.3.2.3 试验要求

使用测试设备进行故障模拟，如存在无法实现故障模拟的诊断项，应在计划中提交说明。对造成车辆物理性损坏或危及人身安全的诊断项，以及只能修改电子控制单元来模拟故障可不进行试验。

永久故障码的清除测试方式包括故障自然消除（故障不再出现，已修复）和故障信息主动清除（使用扫描工具、断电重置）两种形式。

已经在 GB 18352.6—2016 附录 JA.6.4 的要求下做过的验证试验不需要再进行测试。

验证试验由生产企业在道路或转毂试验台上完成，仅需进行功能性验证，不需要进行排放测试。

GB 18352.6—2016 附录 J.4 要求的每个诊断的监测要求验证结果应按要求记录（见3.5 PVE-J2 报告）。

6.3.2.4　试验内容

对 GB 18352.6—2016 附录 J.4 要求的每个诊断进行 PVE 验证测试，具体内容如下：

故障检测：对 GB 18352.6—2016 附录 J.4 要求的每个诊断（除型式检验中已经进行测试的检查项外），应用缺陷部件或电子装置模拟故障，验证其检测到故障、点亮 MIL 并存储确认故障码，并在 PVE 表格中记录验证结果。

排放中性诊断、不点亮 MIL 的诊断暂不要求进行。

永久故障码的清除：在上述故障检测验证工作全部结束后，企业应在有 IUPR 率要求和无 IUPR 率要求的诊断项中各挑选一个有代表性的诊断进行消除测试。验证无故障条件下永久故障码的清除是否符合 GB 18352.6—2016 附录 J.3.2.5 的要求，并记录相关测量文件。

无故障 IUPR 分子、分母增长验证：SAE J 1699-3 "动态" 测试中 IUPR 测试部分，测试结果将以 ASC Ⅱ 码的形式写到 LOG 文件中，此文件应进行存档并提交。

6.3.2.5　试验程序

按以下步骤对各个监测项进行故障检测和确认的验证：

（1）初次故障检测循环。

试验前进行充足的车辆准备以保证良好的车辆状态；

连接相关测量设备；

采用符合 SAE J 1978 的扫描工具，发送 Mode \$04 重置各 DEC-ECU 的故障状态植入故障；

钥匙处于 "KEY ON" 位置，开始记录测量文件；

启动车辆，进行一次初次故障检测的循环；

初次故障报出后，用扫描工具读取并记录故障内存信息；

发动机熄火，保存测试文件；

对于需要在后处理阶段进行诊断的功能，需在后处理运行完成后才能报出故障，扫描工具读取和测量文件的保存应在后处理完成后进行。

（2）故障确认循环。

钥匙处于"KEY ON"位置，开始记录测量文件；

启动车辆，进行一次故障确认的验证循环；

通过扫描工具读取并记录故障内存信息；

发动机熄火，保存测试文件；

对于需要在后处理阶段进行诊断的功能，需在后处理运行完成后才能报出故障，扫描工具读取和测试文件的保存应在后处理完成后进行。

（3）清除永久故障码的验证。

按上述步骤完成 PVE 表格中所有故障路径的验证测试后，移除所有外部故障，用通用诊断仪或客户定制的诊断仪清除量产车电子控制单元的故障内存，各挑选一个有 IUPR 率要求和无 IUPR 率要求的诊断，测试永久故障码能否正常消除。

①故障自然消除的测试。

连接相关测量设备；

安装测试设备；

按试验程序操作（MIL 灯点亮，存储确认和永久故障码）；

钥匙处于"KEY ON"位置，用扫描工具读取并记录故障内存中永久故障码信息；

移除缺陷部件或电子模拟故障装置，恢复车辆原始状态；

运行一个或多个无故障驾驶循环，直至 MIL 熄灭；

用扫描工具读取并记录故障内存中永久故障码信息（检查永久故障码是否被清除）。

②故障信息被清除测试。

连接相关测量设备；

安装测试设备；

按试验程序操作（MIL 灯点亮，存储确认和永久故障码）；

钥匙处于"KEY ON"位置，用扫描工具读取并记录故障内存中永久故障码信息；

移除测试设备，恢复车辆原始状态；

使用诊断仪、断电重置等方式来清除故障内存信息；

按 GB 18352.6—2016 附录 J.3.2.5.2 规定的驾驶循环的要求运行一个或多个无故障驾驶循环；

用扫描工具读取并记录故障内存中永久故障码信息（检查永久故障码是否被清除）。

6.3.2.6 结果报告

（1）评估标准。

故障检测和确认的验证应满足以下要求：

满足法规要求的故障监测的及时性；

没有其他无关故障进入；

故障确认检测循环结束 Service$03 中应显示确认故障码，MIL 灯点亮。

（2）验证报告。

监测要求验证全部完成后，应向主管部门提交结果报告（附件）、SAE J 1699-3 "动态"测试中 IUPR 测试部分的结果报告和 LOG 文件。测量文件（如有）和扫描工具记录的故障内存信息（包括永久故障码清除的验证）由生产企业存档备查；

对于测试中发现的问题，企业应及时向主管部门报告，并按要求及时修正，对于已销售出去的车辆应在规定的期限内修正。

6.3.3 在用监测性能要求

6.3.3.1 试验目的

收集能代表该 OBD 系族的车辆的在用监测性能数据并报送主管部门。

6.3.3.2 试验要求

在用监测性能验证应在车辆量产后 12 个月内进行并完成报送。

生产企业在进行在用监测性能验证之前，应向主管部门提交一份关于取样方法、取样试验车辆的数量、收集数据时间安排及报告格式的计划，提供记录和统计车辆行驶情况的方法和范围。

同一 JA73 测试组至少收集 15 辆车(年销量小于 5 000 台的车型经批准可少于 15 辆)的数据。

车辆应满足以下要求：

汽车应至少已经使用了 6 个月或 15 000 km，且不超过 160 000 km。

针对所测试的诊断项，车辆应有充分的行驶数据。对于按 GB 18352.6—2016 附录 J.3.3.2.2 要求报告、追溯并应满足 IUPR 要求的监测项，充分的车辆行驶数据指针对所测试的监测项,其中 GB 18352.6—2016 附录 J.3.4.3 定义的分母计数器数值应满足下述要求：

对蒸发系统监测、二次空气系统监测、汽油颗粒捕集器监测以及分母计数器按照 GB 18352.6—2016 附录 J.3.4.3.2（D）和（E）增加的监测（如冷启动减排策略、加热型催化器等），分母计数器数值大于等于 75；

对柴油颗粒捕集器监测以及分母计数器按照 GB 18352.6—2016 附录 J.3.4.3.2（G）增加的 NMHC 转化催化器监测，分母计数器数值大于等于 25；

对催化转化器、氧传感器、EGR 系统、VVT 系统以及其他所有零部件的监测，分母计数器数值大于等于 150；

没有因篡改、安装附加或调整部件导致 OBD 系统不符合 GB 18352.6—2016 附录 J 的要求；

应有维护记录以证明汽车一直是按照生产企业使用说明书的规定进行维护；

汽车应无滥用迹象（如超速、超载、误加油或其他滥用）或存在其他可能影响排放性能的现象（如非法改动）。应考虑 OBD 系统存储在电控单元内的故障代码和里程信息。如果某辆车电控单元的存储信息显示，该车在存储故障代码后未及时修理，还在继续使用，则这辆车就不能用于本试验；

如果厂商无法判断车辆是否存在滥用情况，允许厂商通过调取较大样本的方式开展 IUPR 率验证；

发动机或汽车未进行过生产企业使用说明书之外的大修。

6.3.3.3 试验内容和报告

按验证要求收集在用监测性能数据，记录并报告。生产企业的报告中必须包括 GB 18352.6—2016 附录 J.7.3.2 中包括的所有信息。

企业可自行定义报告的格式。

J3 年销量小于 5 000 台的车型可少于 15 辆，要求车辆至少使用 6 个月或不超过 16 万 km。

6.3.4 其他

SAE J 1699 的测试软件可使用当前官网的最新软件版本测试，但允许采用 2015 年 7 月版，并接受该报错。

2020 年 7 月 1 日前，允许使用 SAE J 1979 2014 版本，如在 Mode9 不能输出 GPF IUMPR，Mode1/Mode6 不能输出 GPF 相关内容，2020 年 7 月 1 日之后信息公开的车型必须使用 SAE J 1979 2017 版本，确保能在 Mode9 输出 GPF IUMPR，Mode1/Mode6 输出 GPF 相关内容。

6.3.5 计划和报告模板

计划和报告模板可从系统中下载最新版本。

（1）PVE-J1 计划。

标准化验证测试计划				
OBD 系族名称	测试组	车型	计划量产日期	计划试验日期

（2）PVE-J1 报告。

测试生成的 LOG 文件

按要求上传，对应年份，J1 计划，车架号

（3）PVE-J2 计划。

系族名称	测试组	车型	计划量产日期	计划试验日期	备注
故障码	监控策略说明	故障模拟方法说明	永久故障码的清除方式		
			自然消除		
			主动消除		

（4）PVE-J2 报告。

故障检测

系族名称	测试组	车型	实际试验日期	车辆识别号码	软件版本	SAE版本	备注
A	J1T1	A2	2018 年 7 月	ABC1111111111111			
故障码		监控策略说明	故障模拟方法说明	验证循环结束后 Mode 3 中的故障码	观察到的其他故障码	MIL灯亮	
P0118		Signal-voltage of the coolant temperature sensor lies above the permissible maximum threshold 水温传感器电压超上限	电子模拟，通过短线盒信号线制造电源短路故障	P0118	是	是	
P0035							
P0090							

永久故障码清除

故障码	挑选说明	消除方式	是否消除	备注
P×××	有 IUPR 率要求的诊断	故障自然消除		
		故障被清除（通过扫描工具、断电重置等方式）		
P×××	无 IUPR 率要求的诊断	故障自然消除		
		故障被清除（通过扫描工具、断电重置等方式）		

测试生成的 LOG 文件
按要求上传，对应年份，J1 计划

（5）PVE-J3 计划。

OBD 系族名称	测试组	车型	取样方法	取样试验车辆的数量	计划试验日期	备注
A	J3T1	A1			2018 年 11 月	
A	J3T2	A3			2018 年 11 月	
B	J3T3	B1			2018 年 11 月	

（6）PVE-J3 报告可从信息公开系统模板下载。

第7章 CAL ID 和 CVN 要求

田苗 季欧

7.1 编写依据

依据《轻型汽车污染物排放限值及测量方法（中国第六阶段）》（GB 18352.6—2016）的要求进行编制。本程序适用于提交量产车辆软件标定识别码（CAL ID）和软件标定验证码（CVN）报告的组织和实施。

7.2 术语和定义

以下术语和定义适用于本指导流程。

7.2.1 引导程序

当启动控制器某个软件时，引导程序会运行初始加载程序。由于引导程序会对控制器软件的运行产生较大的影响，所以引导程序应当是受控软件的一部分，对影响排放和OBD 系统的引导程序，需要参与 CVN 的计算。

7.2.2 标定数据

大多数控制单元的控制特征都体现于标定数据中，并且这一软件部分会因制造商而不同，并且大多数情况下是与 OBD 相关的。因此，标定数据也需要参与 CVN 的计算。

7.2.3 编码数据

当制造商能够在车辆上使用车辆软件激活的硬件装置，并且此硬件装置可以通过编码数据进行激活时，如果对于该硬件的编码或者激活会对 OBD 结果产生影响，编码数据也应该参与 CVN 的计算。

7.2.4　OBD 相关性

关键诊断或排放电子控制单元，如发动机控制单元（ECM）、变速箱置控制单元（TCM）、车身稳定控制模块（BSCM）及满足 GB 18352.6—2016 附录 J.2.24 中规定条件的任何车载动力系控制单元。

7.2.5　程序数据

程序数据中包含控制单元软件的结构，如果这个结构发生改变，CVN 也会改变。程序数据也是控制软件中与 CVN 相关的一部分。

7.3　总体要求

为了预防并监管对于国六车型车辆控制软件的篡改，在车型量产之后，需要按照 GB 18352.6—2016 的要求对排放或 OBD 系统产生影响的所有关键诊断或排放电子动力控制单元的 CAL ID 和 CVN 进行计算汇总并及时在环保信息公开系统中进行上报。

按照 SAE J 1979 中规定的 CAL ID 和 CVN 计算的计算方法，即 CRC32 计算法（循环冗余校验），车辆生产企业可采用 CRC-16 以上的算法生成正式的 CAL ID 和 CVN 报告。车辆生产企业也可以向生态环境主管部门申请允许其采用其他算法计算 CVN。生态环境主管部门可根据计算方法的复杂性以及难度等同性，决定是否同意上述申请。

车辆生产企业应该按照环保监管部门的规定，应将最新的 CAL ID 和 CVN 报告及时上传到环保信息公开数据库中，环保信息公开系统支持随时上传 CAL ID 和 CVN 报告，监管部门可在车辆年检等核查环节对数据库中的 CAL ID 和 CVN 同车辆上读取的 CAL ID 和 CVN 进行比对。

7.4　用于生成 CAL ID 和 CVN 报告的软件程序的选择

为了防止车辆控制系统中与排放和 OBD 相关的控制特征被篡改，车辆各控制单元内对影响排放和 OBD 系统的软件部分都应该参与到 CVN 的计算中。根据各个生产企业的控制系统软件与硬件结构的差异，汽车生产企业可以自行决定参与 CVN 值计算的软件部分以及在 CAL ID 和 CVN 报告中所包含的控制单元种类，生成 CAL ID 和 CVN 报告所涉及的软件部分与控制单元包括但不限于本书 7.4.1 与 7.4.2 所规定的内容。当生态环境主管部门提出要求时，生产企业需要向生态环境主管部门解释所选择的软件部分与控制单元如何代表该车型中与排放、OBD 功能相关的所有控制特征。

7.4.1　参与 CVN 计算的软件部分

在整车控制软件系统中，会对排放与 OBD 结果产生影响的软件部分都应该参与到 CVN 的计算中。在整车控制软件中，引导程序（如适用）、程序数据、标定程序和编码程序（如适用）等都应该创建各自的参考 CVN 值，并且这些参考 CVN 值应参与到整车完整 CAL ID 和 CVN 的计算中。

表 7-1 中展示了上述四种软件部分各自生成的参考 CVN 值，并完成一次完整 CVN 计算的一个示例。对不影响排放或 OBD 系统的引导程序可不参与 CVN 计算。

表 7-1　CVN 计算生成示例

软件程序	CVN 位数	参考 CVN	CRC32 计算的输入	完整的 CVN 值
引导程序	1	BC88D783	123（4）	60341DC3
程序数据	2	212EBFC4		
标定数据	3	C595E66E		
（可编码程序）	（4）	（37DCDF55）		

7.4.2　生成 CAL-ID/CVN 的控制单元

依照 GB 18352.6—2016 中关于 OBD 系统的相关规定，所有与排放相关的关键控制单元都应该生成一个或以上代表该控制单元的参考 CVN。依照 OBD 通信协议的相关规定，可以将通用扫描工具与控制单元进行通信的模式，将需要参与 CAL ID 和 CVN 计算的控制单元分为总控制单元、主控制单元和其他关键诊断或排放电子动力控制单元，也可以企业自行划分控制单元分类。

基于通信结构，总控制单元可以与通用扫描工具直接进行通信。大多数情况下，总控制单元就是指整车上的发动机控制单元。主控制单元是指可以通过总控制单元的寻址访问，也可以间接地与扫描工具进行通信的除总控制单元以外的控制单元。

通用扫描工具发送请求之后，可以直接访问总控制单元和主控制单元内的 CAL ID 和 CVN 数据。图 7-1 和图 7-2 中列举了典型的汽油车和柴油车的控制单元逻辑结构图。

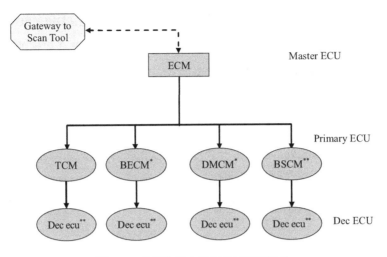

图 7-1　典型汽油车控制单元逻辑结构

注：*表示如果需要（只针对 PHEV）；**表示如果支持。下同。

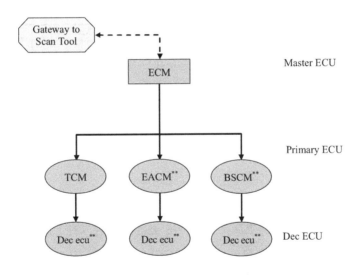

图 7-2　典型柴油车控制单元逻辑结构

7.5　CAL ID 和 CVN 报告内容

CAL ID 和 CVN 的信息应该根据不同的车型型号和每款车型中不同控制单元进行管理和报告。为满足在车辆年检等核查环节对 CAL ID 和 CVN 进行比对的要求，CAL ID 和 CVN 报告中的车型型号信息应该与环保信息公开系统中的车型型号相统一。

依据 SAE J 1979 的要求，使用通用扫描工具读取 CVN 信息时，每个控制单元允许输出一个或多个 CVN。每个关键诊断或排放电子动力控制单元（DEC_ECU）的 CALID 和 CVN 都应该在报告中提交。为了规范定义与区分报告中可能会出现的不同的控制单元，各生产企业应该采用 SAE J 1979 中定义的 Module ID 的规范对不同的控制单元进行命名。

CAL ID 和 CVN 的报告中除了必须包含制造商名称、车型型号、Module ID、CAL ID 以及 CVN 这些必要信息之外，汽车生产企业也可以在报告中添加其他补充说明信息。报告中补充说明信息的内容可以包括但不限于发动机排量、该车型变速箱种类等信息。以 2018 年第一季度为例，汽车生产制造需要提交的 CAL ID 和 CVN 报告的模板样式如图 7-3 所示。

生产企业名称：							
OBD Ⅱ　CAL ID 和 CVN 数据							
×季度/201×							
信息公开编号	Manufacturer 制造商	Model 车型	EngineSize 发动机排量	Transmission 变速箱种类	Module ID* 模块 ID	CAL ID	CVN
	×××	×××	2.0	A/T	0×7E8	8C5A8504	8C5A8504

图 7-3　CAL ID 和 CVN 报告的模板样式

当生产企业对控制软件进行更新时，新软件应该创建一个全新的 CAL ID 和 CVN 值。对于不影响排放和 OBD 系统的更新，企业应提交自我声明。对于影响排放和 OBD 系统的应提交相关材料（可在企业自己的检验室进行也可委托第三方进行），证明更新后的排放和 OBD 系统仍符合 GB 18352.6—2016 要求。随着软件不断更新，某车型的每个控制单元（Module ID）所生成的 CAL ID 和 CVN 值也应该会不断增加。企业应及时提交车型更新的 CAL ID 和 CVN 数据。信息公开系统会记录保留所有的 CAL ID 和 CVN 记录。

生产企业在每一次提交报告时可以只提交在上一次报告提交之后这段时间内最新投产车型 CAL ID 和 CVN 数据以及已有车型所有更新的 CAL ID 和 CVN 数据。生态环境主管部门可以在信息公开系统中原有的 CAL ID 和 CVN 信息中增加所有更新的 CAL ID 和 CVN 数据。

7.6　CAL ID 和 CVN 管理中的其他要求

7.6.1　对于 CAL ID 和 CVN 数据的核查和管理

用户车辆上与排放相关的控制单元可以使用通用扫描工具自由访问，监管部门、用户和其他第三方机构都能够方便地读到各控制单元生成的 CAL ID 和 CVN 数据。在车辆年检等核查环节，监管部门如果可以确认某车辆通过通用诊断工具读取到的 CAL ID 和 CVN 数据与生产企业已经在环保信息公开系统中报告备案的 CAL ID 和 CVN 数据相匹配，可确认该车的控制软件是否是由生产企业发布。

消费者所购买的新车辆在注册登记 6 年后必须进行上线年检。如果监管部门在年检过程中发现某控制单元生成的 CVN 数据并没有在环保信息公开系统相应的车型信息中报告备案，或与报告备案的 CAL ID 对应 CVN 不符，则可以针对被检查车辆的控制系统是否已经被篡改进行调查。为通过年检，车辆用户应该提供相应的数据用以证明目前车辆的控制系统是可以被认可的（如将控制单元以及控制软件更新为制造商发布的官方版本，或者车厂提供证明控制软件 CAL ID 和 CVN 在报备过程中）。

7.6.2　CAL ID 和 CVN 报告提交的时间要求

为了使监管部门可以及时获得最新的数据，环保信息公开系统支持随时上传 CAL ID 和 CVN 报告，生产企业应将最新的 CAL ID 和 CVN 报告及时上传到环保信息公开系统。

汽车生产企业针对某款车型所提交的 CAL ID 和 CVN 报告的过程应该从该款车型首次量产开始。首次提交时应包括型式检验期间车辆 CAL ID 和 CVN 数据。某车型量产后，对该车型 CAL ID 和 CVN 数据进行定期更新也是提交 CAL ID 和 CVN 数据报告流程的一部分。对车辆控制软件中任意一个 CAL ID 或 CVN 数据有所更新，都应该创建一个新的完整 CAL ID 和 CVN 值。对于上述新生成的完整 CAL ID 和 CVN 值的更新也应该是 CAL ID 和 CVN 报告的一部分。

CAL ID 和 CVN 报告应该包括所有与排放相关电控单元（ECM、TCM 等）中创建或更新的 CAL ID 和 CVN 数据。下面列举了三种需要提交或者更新 CAL ID 和 CVN 报告的情形：

（1）第一次提交报告的情形：在生产企业首次提交的 CAL ID 和 CVN 报告中，应该包括该企业型式检验车辆和所有已信息公开国六车型的全部 CAL ID 和 CVN 数据。

（2）第一种报告更新情形：已信息公开的车型如果需要对软件中与排放和 OBD 相关的功能进行更新，则将创建一组完整的 CAL ID 和 CVN 值。生产企业应该及时提交包含新创建的 CAL ID 和 CVN 数据的报告。

（3）第二种报告更新情形：在首次提交报告之后，生产企业中如果有新的国六车型信息公开后并投产，则生产企业应该创建新的 CAL ID 和 CVN 数据报告，并在投产后及时提交此报告。其他车型如果没有对与排放或 OBD 相关的功能进行更新，则此报告中其 CAL ID 和 CVN 值不需要被改变。

第8章 生产一致性

彭 頔 张 艳

8.1 计划书

企业应在车辆量产前编制生产一致性保证计划书，并按要求提交给生态环境主管部门备案。

8.2 测试计划和测试报告

车辆量产后，企业应按照 GB 18352.6—2016 附录 N 编制生产一致性测试计划并每个月上传产销量情况。

生产一致性测试计划应通过环保信息公开系统在每年 4 月 1 日前提交当年测试计划，每季度应提交当季度测试报告，每年 4 月 1 日前应提交上一年年度分析报告。环保信息公开系统每季度提供一次修改计划、报告和检验信息上传的窗口时间，生产企业应按要求选择最为临近的时间窗口进行结果上传。

测试计划要包括当年所有量产车型，并声明企业要进行的自查试验［Ⅰ型、Ⅲ型、Ⅳ型（包括炭罐）、Ⅵ型、Ⅶ型］必须进行，OBD 生产一致性按照 GB 18352.6—2016 附录 JA.7 量产车辆评估测试进行（按 GB 18352.6—2016 附录 E 要求），Ⅱ型和Ⅴ型可不进行，车内空气质量待 GB/T 27630—2011 的后续版本发布后依据该文件执行。

生产一致性测试应覆盖所有系族，选择系族中的代表车型进行。系族应与型式核准的系族相对应。企业应制订生产一致性自查计划，确保批量生产的车辆符合 GB 18352.6—2016 的要求，且各系族生产一致性抽样比例应不低于以下要求。

8.2.1 排放系族（包括Ⅰ型、Ⅲ型、Ⅵ型）

每个排放系族应覆盖Ⅰ型、Ⅲ型、Ⅵ型生产一致性检查，抽样数量应按照系族年产量进行规定。年产量大于等于 10 000 台应至少抽样测试 3 台，最多可不超过 10 台；年产量大于等于 5 000 台少于 10 000 台至少应抽样测试 2 台；若年产量低于 5 000 台应至少抽样测试 1 台。每个系族中年产量超过 10 000 台的车型必须被选为测试车型。

测试车型的选择应按照车型销量顺序选择，车型的试验项目企业可以自行定义，对于每个测试车型不能仅做Ⅲ型试验。测试计划格式见表 8-1。

表 8-1　排放系族测试计划（示例）　　　　　　　　　　　　单位：辆

系族	系族年产量	测试车型	车型年产量	批量生产日期	自查试验项目	测试车辆数量
A	30 000	A1	20 000	2019 年 9 月	Ⅰ型	4
		A2	5 000	2019 年 5 月	Ⅵ型、Ⅲ型	3
		…			Ⅵ型	2
B	40 000	B1			Ⅰ型、Ⅲ型、Ⅵ型	
		B2			Ⅵ型、Ⅲ型	
		…			Ⅵ型	
…						

注：企业进行试验时，如需磨合，应积极与生态环境主管部门协商，生态环境主管部门如有异议，可进行生产一致性抽查。

8.2.2 蒸发系族和加油排放系族（Ⅳ型、Ⅶ型）

每个系族抽样数量应按照系族年产量进行规定。测试方法可采用 GB 18352.6—2016 附录 F.8 生产线快速检查法或整车试验方法。若按整车试验法进行时，年产量每 10 000 台应至少抽样测试 1 台，最多可不超过 5 台；低于 10 000 台应至少抽样测试 1 台。若采用生产线快速检查法时，抽样数量按系族年产量 1%进行，每个系族最多可不超过 50 台（2020 年 1 月 1 日起）。每个系族中年产量超过 10 000 台的车型必须被选为测试车型。

炭罐生产一致性检查按照炭罐型号区分，每个炭罐型号每年应至少进行 3 套有效容积和初始工作能力试验。测试计划格式如表 8-2～表 8-4 所示。

表8-2 蒸发系族测试计划（示例） 单位：辆

系族	系族 年产量	测试 车型	车型 年产量	批量生产 日期	自查试验 项目	测试车辆 数量	测试方法
A	30 000	A1	15 000	2019 年 9 月	Ⅳ型	50（必选车型）	生产线快速检查
		A2	5 000	2019 年 5 月	Ⅳ型	1	整车蒸发试验
		…			Ⅳ型	1	整车蒸发试验
B	40 000	B1	20 000	2019 年 9 月	Ⅳ型	2（必选车型）	整车蒸发试验
		B2	5 000	2019 年 5 月	Ⅳ型	30	生产线快速检查
		…			Ⅳ型	20	生产线快速检查
…							

注：测试方法中应注明企业采用生产线快速检查（GB 18352.6—2016 附录 F.8.2 和附录 F.8.3）或采用整车蒸发试验进行生产一致性检查。

表8-3 加油排放系族测试计划（示例） 单位：辆

系族	系族 年产量	测试 车型	车型 年产量	批量生产 日期	自查试验 项目	测试车辆 数量	测试方法
A	30 000	A1	15 000	2019 年 9 月	Ⅶ型	50（必选车型）	生产线快速检查
		A2	5 000	2019 年 5 月	Ⅶ型	1	整车加油试验
		…			Ⅶ型	1	整车加油试验
…					Ⅶ型		

注：测试方法中应注明企业采用生产线快速检查（GB 18352.6—2016 附录 I.7.2 和附录 I.7.3）或采用整车加油试验进行生产一致性检查。

表8-4 炭罐测试计划（示例）

序号	炭罐型号	自查试验项目与数量	
		有效容积	初始工作能力
1	××××	3 套/年	3 套/年
2			
…			

8.2.3 产销量月报

生产企业或进口企业应在车辆量产后每个月 10 日之前，提交上个月所有已信息公开车型的产销量情况。

8.2.4 季度测试报告及年度分析报告

季度测试报告应在每季度下月 15 日前提交季度测试报告。年度分析报告应在下一年度 4 月 1 日前提交上一年度分析报告。生产一致性检查试验可在企业内部检验室或生产线进行，或委托第三方检验室进行。

企业的年度分析报告应包含上一年度销量数据，生产一致性测试结果与限值的对比分析，以及如发现生产一致性不符合，企业采取的相应的整改措施，完善一致性保证体系，应包括可能会受到同样缺陷影响的同系族车型。

年度分析报告模板见 GB 18352.6—2016 附录 F，季度测试报告格式见表 8-5～表 8-9。

表 8-5 排放系族测试报告

系族	车型	20××年销量/辆	自查试验项目	测试车型	测试车辆数量/辆	测试方法	测试结果/限值							符合性判定	整改措施
							CO	THC	NMHC	NO$_x$	N$_2$O	PM	PN		
A	A1	10 000	I 型	A1	3									合格	
	A2	10 000	I 型												
			I 型、III 型												
			VI 型												

注：试验结果应是劣化系数后的数值，如果不按照信息公开的劣化系数，应报告使用的劣化系数。

表 8-6 蒸发系族整车测试报告

系族	车型	20××年销量/辆	自查试验项目	测试车型	测试车辆数量/辆	测试结果/限值			符合性判定	整改措施
						热浸试验/（g/次试验）	昼间换气试验/（g/次试验）	相加校正后		
A	A1	10 000	IV 型	A1	3				合格	
	A2	10 000	IV 型							

表 8-7 加油排放系族整车测试报告

系族	车型	20××年销量/辆	自查试验项目	测试车型	测试车辆数量/辆	测试方法	测试结果/限值			符合性判定	整改措施
							检验排放量/g	最终加油量/L	加油排放量/（g/L）		
A	A1	10 000	VII 型	A1	3					合格	
	A2	10 000	VII 型								

表 8-8 蒸发和加油排放系族生产线快速检测报告

加油排放系族	系族年产量/辆	测试车型	试验车辆（VIN）	通气试验			脱附试验			加油排放系族快速检查符合性
				厂家限值	检验结果	符合性判断	厂家限值	检验结果	符合性判断	
A		A1				符合/不符合			符合/不符合	符合/不符合
		A1								
		A2								
B		B1								
		B1								

表 8-9 炭罐测试报告

炭罐型号	检验项目	炭罐有效容积/L	有效吸附量/g	炭罐初始工作能力/（g/100 mL）	符合性判定
×××	企业信息公开值				
	检验结果				
	标准要求	信息公开值的0.9 倍以上		信息公开值的0.9 倍以上	
…	企业信息公开值				
	检验结果				
	标准要求	信息公开值的0.9 倍以上		信息公开值的0.9 倍以上	

　　按照 GB 18352.6—2016 的要求，车辆 OBD 系统生产一致性（COP）按照 GB 18352.6—2016 附录 E 量产车评估测试规定进行。OBD 生产一致性自查包括标准化验证、监测要求验证。

第9章 在用符合性

9.1 测试计划和测试报告

9.1.1 在用符合性系族划分

生产企业可以按照车型或在用车系族制定在用符合性检查规程，在用车系族可以包括一个或多个系族。生产企业可以参考排放系族、蒸发系族、加油排放系族、OBD 系族的扩展原则划分在用符合性系族，并且在年度计划中提报系族划分说明。

9.1.2 样车选择

按照 GB 18352.6—2016 附录 O.3 和附录 OA.2 选择试验样车。

抽样数量按照 GB 18352.6—2016 附录 O.3.5 和附录 OB.2 的规定执行。蒸发和加油排放的内容参照 GB 18352.6—2016 附录 O.3.5.1 执行。

生产企业应按照 GB 18352.6—2016 附录 O.3.2 和附录 OA.2 的规定执行车辆选择。

9.1.3 试验项目

在用符合性试验项目按照 GB 18352.6—2016 附录 OA.4 和附录 O.3.5.2 进行。自查试验项目中 I 型、Ⅱ型、Ⅲ型、Ⅳ型、Ⅶ型以及 OBD 系统检查必须进行，Ⅴ型和Ⅵ型可不进行，GB 18352.6—2016 附录 OA.5.4 中要求的炭罐试验可不进行，车内空气质量待 GB/T 27630—2011 的后续版本发布后依据该文件执行。

生产企业应对每个系族进行 OBD 系统自查，应分别完成 I 型试验中的 OBD 系统检查、IUPR 率检查并至少选择一项演示试验项目进行检查：

OBD 系统检查可在在用符合性试验车辆上直接进行，无须更换老化样件，检查 OBD

系统是否存在排放水平超 OBD 诊断阈值而无故障指示或错误的故障指示的情况;

IUPR 率检查参考 GB 18352.6—2016 附录 JA.7.3 在用监测性能的验证和报告;

演示试验项目检查参考 GB 18352.6—2016 附录 JA.6 的要求,进行故障模拟,无须更换老化样件,检查故障指示功能是否正确地起作用以及排放水平是否在标准规定的限值内。

OBD 在用符合性自查参考 GB 18352.6—2016 附录 JA.7.3 在用监测性能的验证和报告。

9.1.4 测试计划

企业应按照 GB 18352.6—2016 附录 O 编制在用符合性测试计划,并在每年 4 月将该年度的在用符合性测试计划提交给生态环境主管部门,测试计划模板见表 9-1~表 9-3。

表 9-1 20××年××企业在用车符合性排放系族测试计划

企业联系人			电话			邮箱		
在用符合性检查规程			按照 GB 18352.6—2016 附录 O.2.5.10 内容填写或以附件形式提交					
排放系族	系族销量(全国)	测试组数量	车型销量	测试车型	测试车辆数量	样车选择地区	自查试验项目	测试车辆数量
A								
B								
C								

表 9-2 20××年××企业在用车符合性蒸发系族测试计划

企业联系人			电话			邮箱		
在用符合性检查规程			按照 GB 18352.6—2016 附录 O.2.5.10 内容填写或以附件形式提交					
蒸发系族	系族销量(全国)	测试组数量	车型销量	测试车型	测试车辆数量	样车选择地区	自查试验项目	测试车辆数量
A								
B								
C								

表9-3 20××年××企业在用车符合性OBD系族测试计划

企业联系人				电话				邮箱	
在用符合性检查规程				按照 GB 18352.6—2016 附录 O.2.5.10 内容填写或以附件形式提交					
OBD 系族	系族销量（全国）	测试组数量	车型销量	测试车型	测试车辆数量	样车选择地区	自查试验项目	测试车辆数量
A								
B								
C								

9.1.5 测试报告

按照 GB 18352.6—2016 8.3 的要求，生产企业每年至少进行一次在用符合性自查，并确保 8 年内完成低、中和高里程的在用符合性自查。在下一年度的 4 月 1 日前提交上一年度在用符合性自查测试报告给生态环境主管部门。

结果评估按照 GB 18352.6—2016 附录 OA.5 和附录 O.4 的规定，自查及测试分析报告格式见 GB 18352.6—2016 附录 G。

9.2 排放质保部件

生产企业应详细记录排放质保相关部件（见 GB 18352.6—2016 附录 AB.1）的索赔、修理以及维修过程中记录的 OBD 故障的相关信息，相关部件和系统的故障频率和原因也应详细记录，故障记录表见表 9-4。每个车型的累计故障维修率超过 4%（且故障维修数量应大于 50）的部件，应在发现部件故障维修率超过 4%情况之后 30 个工作日内向生态环境主管部门提交报告，报告中的相关故障记录信息应至少包含表 9-4 的内容。故障维修率仅针对故障部件，与部件产生的故障类型无关。

表 9-4 排放质保相关部件故障记录表

排放质保相关部件

系统	部件			质保期	维修时间	维修原因	是否OBD相关故障	OBD故障代码	故障维修率（维修部件占该部件销量比重）	OBD故障维修率
排气后处理系统	排气相关传感器	氧传感器								
		氮氧化物传感器								
		氨传感器								
		排气温度传感器								
		排气压力传感器								
	排气后处理器	三元催化转化器								
		颗粒捕集系统	颗粒捕集器							
			再生控制系统							
			燃烧器或其他再生系统							
		稀燃型氮氧化物催化转换器								
		选择性催化还原装置（SCR）	SCR催化器							
			还原剂液位传感器							
			还原剂喷射器							
			还原剂喷射泵							
			尿素喷射控制系统							
		氧化型催化转换器								
废气再循环系统	废气再循环（EGR）阀									
	温控真空开关									
	废气再循环冷却器									
蒸发排放控制系统	泄压阀									
	脱附电磁阀									
	炭罐									
曲轴箱通风系统（PCV）	PCV阀									

排放质保相关部件								
系统	部件	质保期	维修时间	维修原因	是否OBD相关故障	OBD故障代码	故障维修率（维修部件占该部件销量比重）	OBD故障维修率
空气喷射系统	气泵							
	分流器							
	旁通阀							
	补气阀							
	簧片阀							
	防回火阀							
	减速阀							
	涡轮增压器							
汽油车燃油控制系统	发动机电子控制单元（ECU）							
	进气压力和温度传感器							
	怠速控制阀或怠速控制马达							
	喷油器							
	燃油油轨							
	进气空气流量计							
	电控节气门							
	节气门位置传感器							
	燃油压力调节器							
	燃油泵及其控制模块							
柴油车燃油控制系统	发动机电子控制单元（ECU）							
	高压油泵							
	喷油器							
	进气空气流量计							
	油压控制系统及其传感器							
	柴油高压油轨							
	进气压力和进气温度传感器							
	进气节流装置							
	汽油车点火线圈							

附录 A 型式检验材料模板

系统参数	项目名称	子项目	项目名称	A 编号	填写说明
概述	车型型号		型号：	A.1.2	填写铭牌上整车型号信息，例如"SGM7143AMT"
	名称				按照《汽车和挂车类型的术语和定义》（GB/T 3730.1—2001）和专用车标准，填写"车型名称"，例如"乘用车""高空作业车"等
	品牌（销售名称）				销售所用俗称，例如"高尔夫""迈腾""宝骏""君威"等
	商标				请先去菜单—"录入"—"商标管理"增加商标
	车辆类型	M1/M2/M3/N1/N2/N3	汽车类别：	A.1.4	按照《机动车辆及挂车分类》（GB/T 15089—2001）标准，填写"车辆类别"，例如 M1、M2、M3、M1G、M2G、M3G、N1、N2、N3、N1G、N2G、N3G、O1、O2、O3、O4 等
	排放耐久系族（请先去菜单—"管理"—"系族管理"增加系族）				请先去菜单—"管理"—"系族管理"增加耐久系族，再从下拉选项中选择
	加油耐久系族				
	蒸发耐久系族				
	排放系族（请先去菜单—"管理"—"系族管理"增加系族）				请先去菜单—"管理"—"系族管理"增加排放系族，再从下拉选项中选择
	车型的识别方法和位置（整车铭牌）		车型的识别方法和位置（整车铭牌）：	A.1.7	填写铭牌在车身上或驾驶室内的位置的说明
	生产厂地址（如有多个生产厂地址请换行分开）		组装厂地址：	A.1.6	填写整车生产厂地址，如有多个生产厂地址请换行分开

系统参数	项目名称	子项目	项目名称	A 编号	填写说明
概述	车辆制造商名称		生产企业名称（全称、简称或徽标）：	A.1.1	填写整车的制造商名称
	内部编号				无具体要求
	OBD 通信接口位置				填写 OBD 通信接口在车身上或驾驶室内的位置的说明
	OBD 通信接口位置指示标签				如未填写文字说明，上传 OBD 通信接口在车身上或驾驶室内的位置的图片
	制造厂声明该车型适用的油品最高含硫量（mg/kg）	10/50/350			从子项目中选择
	是否有怠速启停装置	是/否	怠速启停装置（是/否）：	A.2.6	选择"是"或"否"
	是否混合动力	是/否	混合动力（是/否）：	A.2.5	选择"是"或"否"
	混合动力类型	可外接充电,无手动选择行驶模式功能；可外接充电,有手动选择行驶模式功能；不可外接充电,无手动选择行驶模式功能；不可外接充电,有手动选择行驶模式功能	混合动力类型	A.2.5	从子项目中选择
	混合动力驱动的连接方式	串联式 SHEV；并联式 PHEV；混动式 PSHEV			从子项目中选择
	操作模式开关	有/无			选择"有"或"无"
	车辆的纯电动续驶里程（NOVC）（按 GB/T 19753 规定的测量结果）				填写不可外接充电（NOVC）的电动车的纯电动续驶里程，测量方法参照《轻型混合动力电动汽车能量消耗量试验方法》（GB/T 19753—2013）

系统参数	项目名称	子项目	项目名称	A编号	填写说明
概述	车辆的纯电动行驶里程（OVC）（按GB/T 19753规定的测量结果，OVC、NOVC两者选一填写）				填写可外接充电（OVC）的电动车的纯电动续驶里程，测量方法参照GB/T 19753—2013（OVC、NOVC两者选一填写）
	纯电动模式	有/无			选择"有"或"无"
	纯燃料消耗模式	有/无			选择"有"或"无"
	切换方式				填写纯电动模式与纯燃料消耗模式的切换方式文字描述，例如手动/电控/手动和电控
	扩展车型型号				填写扩展车的车辆型号
	名称				按照GB/T 3730.1—2001和专用车标准，填写扩展车型的车型名称，例如"乘用车""高空作业车"等
总体机构特征	典型车辆照片		代表汽车的照片和（或）示意图：	A.2.1	提供车型系列中代表车型的右前45°外观照片
	排放控制件位置示意图		排放控制件位置示意图：	A.2.2	上传排放控制件位置示意图，格式为图片
	驱动轴数量		动力轴（数量、位置、相互连接）：	A.2.3	填写驱动轴的数量
	驱动轴位置		动力轴（数量、位置、相互连接）：	A.2.3	填写驱动轴的位置，例如"第一轴"或"第二轴"
	驱动轴相互连接		动力轴（数量、位置、相互连接）：	A.2.3	对于车辆有多轴的情况，填写轴间的连接方式
	车辆外形尺寸[长（mm）×宽（mm）×高（mm）]		车辆外形尺寸[长（mm）×宽（mm）×高（mm）]：	A.3.3	填写底盘或整车在正常行驶状态时的高度（对于高度可调的悬挂，指正常的行驶位置），车身的长度和车身的宽度
	车辆选装装备质量（kg），多个以逗号隔开		车辆选装装备质量（kg）：	AA.4.4.2	填写在生产企业技术条件规定的标准车辆装备之外，其他可选的选装装备组合的质量，多个以逗号隔开
	车辆旋转质量（kg），多个以逗号隔开		车辆旋转质量（kg）：	AA.4.4.3	填写车辆的旋转质量，确定方法可以用试验或根据车辆的基准质量的3%进行估算，多个以逗号隔开

系统参数	项目名称	子项目	项目名称	A 编号	填写说明
总体机构特征	汽车测试质量（包括驾驶员）（kg），多个以逗号隔开		汽车测试质量包括驾驶员（kg）：	AA.4.4.4.4	填写车辆的测试质量，多个以逗号隔开
	车型整备质量（kg），多个以逗号隔开		汽车整备质量：	BA.1.1	填写汽车的整备质量，多个以逗号隔开
	车型最大总质量（kg），多个以逗号隔开		汽车最大总质量：	BA.1.2	填写以车辆构造特点和设计性能为基础的能装载到车辆的最大质量（汽车满载时的总质量），多个以逗号隔开
	汽车基准质量（kg），多个以逗号隔开		基准质量	A.3.8	填写汽车的基准质量（汽车的整备质量加上 100 kg）
	汽油车 CO_2 申报值（g/km）		声明 CO_2 排放信息公开值（g/km）（根据表 C.1 规定）：	A.9.2	填写综合工况时的 CO_2 质量排放量的申报值
	NOVC-CO_2 申报值（g/km）				根据标准 GB 18352.6—2016 附录 C.1.1.2.3.2 条款的要求，填写不可外接充电（NOVC）的电动车按照 R.6.1.1 确定的 MCO_2, CS 申报值
	OVC-CO_2 申报值（CS）（g/km）				根据标准 GB 18352.6—2016 附录 C.1.1.2.3.2 条款的要求，填写可外接充电（OVC）的电动车按照附录 R.6.1.1 确定的 MCO_2, CS 申报值
	OVC-CO_2 申报值（CD）（g/km）				根据标准 GB 18352.6—2016 附录 C.1.1.2.3.2 条款的要求，填写可外接充电（OVC）的电动车按照附录 R.6.1.2 确定的 MCO_2, CD 申报值
	驱动型式	两驱/非全时四驱/全时四驱	驱动型式：	A.2.4	从子项目中选择车辆的驱动型式
	车型综合油耗（L/100 km）（19233NEDC 试验结果）		综合油耗信息公开值（L/100 km）：	A.9.1	填写基于 NEDC 循环，依据《轻型汽车燃料消耗量试验方法》（GB/T 19233—2020）进行实验的综合工况时的燃油消耗量

系统参数	项目名称	子项目	项目名称	A编号	填写说明
	燃料类型				当创建计划书所选车辆类别为"轻型汽油车"时，此处系统默认选项"汽油"
	车辆适用油品的最低辛烷值（RON）		车用汽油辛烷值（RON）：	A.4.2.2.2	填写车辆适用油品的最低辛烷值
	是否适用	乙醇E10/甲醇汽油M15/甲醇M20/甲醇M30/甲醇M50	车用汽油辛烷值（RON）：	A.4.2.2.2	如果申报车辆可以使用醇类汽油，请从子项目中选择适用的醇类汽油类型
	最大设计车速（km/h），多个以逗号隔开		最大设计车速（km/h）：	A.2.7	填写车辆设计的最高车速，如有多个以逗号隔开
	是否有测功机运行模式	有/无			选择"有"或"无"
总体机构特征	车辆行驶模式				填写车辆可选择的行驶模式
	是否有运输模式	有/无			选择"有"或"无"
	生产企业应当提供证明材料以证明在所有车内可手动选择驾驶模式下都能够满足限值要求，牵引模式、维修模式豁免的流程和材料清单需单独提交申请				上传附件
	有测功机运行模式的话，请上传关闭处于失效状态的设备清单及关闭理由				上传附件
	发动机型号		发动机型号：	A.4.1.1	填写发动机的型号
	发动机排量（L）		发动机排量（L）：	A.4.1.2	填写发动机的排量
发动机概述	发动机制造商		发动机生产厂：	A.4.2.1.3	填写发动机制造商名称
	容积压缩比（注明公差）	（ ）±（ ）:（ ）	容积压缩比：	A.4.2.1.4	填写发动机的容积压缩比
	发动机型号制造商名称打刻内容		发动机生产厂名称打刻内容标识或打刻内容图片：	A.4.1.3	填写发动机型号和制造商名称的打刻内容

系统参数	项目名称	子项目	项目名称	A编号	填写说明
发动机概述	或打刻内容图片		发动机生产厂名称打刻内容标识或打刻内容图片：	A.4.1.3	上传含有发动机型号和制造商名称打刻内容的图片
	缸径（mm）		缸径（mm）：	A.4.2.1.2.1	填写发动机汽缸的内径
	行程（mm）		行程（mm）：	A.4.2.1.2.2	填写发动机活塞上止点到下止点的距离
	工作原理	点燃式/压燃式	工作原理：点燃式-压燃式，四冲程-二冲程	A.4.2.1.1	填写发动机的工作原理，请选择"点燃式"或"压燃式"
	冲程数	四冲程/二冲程	工作原理：点燃式-压燃式，四冲程-二冲程	A.4.2.1.1	填写发动机的冲程数，请选择"四冲程"或"二冲程"
	燃烧室图纸		燃烧室和活塞顶示意图，对于点燃式发动机还有活塞环示意图：	A.4.2.1.5	上传燃烧室图纸的图片
	活塞顶示意图		燃烧室和活塞顶示意图，对于点燃式发动机还有活塞环示意图：	A.4.2.1.5	上传活塞顶示意图的图片
	活塞环示意图		燃烧室和活塞顶示意图，对于点燃式发动机还有活塞环示意图：	A.4.2.1.5	上传活塞环示意图的图片
	汽缸数目及排列		汽缸数目及排列：	A.4.2.1.2	填写发动机的汽缸数，例如"3""4""6""8""12"；填写汽缸的排列形式，例如"直列或V列"等
	点火顺序		点火顺序：	A.4.2.1.2.3	填写发动机的点火次序，例如"6缸发动机：1-5-3-6-2-4"
	制造厂规定的发动机最大允许转速（r/min）		生产企业规定的发动机最大允许转速（r/min）：	A.4.2.1.11	填写制造商规定的发动机最大允许转速
	最大净功率（kW）		最大净功率（kW）：（生产企业信息公开值）	A.4.2.1.9	填写制造商申报的发动机最大净功率
	上述最大净功率所对应的发动机转速（r/min）		最大净功率对应的转速（r/min）：（生产企业信息公开值）	A.4.2.1.9	填写发动机最大净功率所对应的发动机转速

系统参数	项目名称	子项目	项目名称	A 编号	填写说明
发动机概述	最大净扭矩（N·m）		最大净扭矩（N·m）：（生产企业信息公开值）	A.4.2.1.12	填写制造商申报的发动机最大净扭矩
	上述最大净扭矩所对应的发动机转速（r/min）		最大净扭矩对应的（r/min）：（生产企业信息公开值）	A.4.2.1.12	填写发动机最大净扭矩所对应的发动机转速
	是否稀薄燃烧	是/否	稀薄燃烧（是/否）：	A.4.2.1.13	选择"是"或"否"。选择发动机是否使用稀薄燃烧技术
	燃料标号		车用汽油辛烷值（RON）：	A.4.2.2.2	填写发动机是否使用稀薄燃烧技术
	怠速转速（r/min），多个以逗号隔开		发动机正常怠速转速（包括允差）（r/min）：	A.4.2.1.6	填写发动机怠速转速。如有多个以逗号隔开
	额定功率（kW）		额定功率（kW）：（生产企业信息公开值）	A.4.2.1.10	填写发动机的额定功率
	额定功率所对应的发动机转速（r/min）		额定功率对应的转速（r/min）：（生产企业信息公开值）	A.4.2.1.10	填写定功率所对应的发动机转速
	怠速时排气中一氧化碳百分比（%）		生产企业申报的发动机正常怠速和高怠速排期中的 CO 和 HC 的体积分数：	A.4.2.1.7	填写生产企业申报的发动机正常怠速时排气中一氧化碳百分比数值
	怠速时排气中碳氢化合物相对浓度（10^{-6} v/v）		生产企业申报的发动机正常怠速和高怠速排期中的 CO 和 HC 的体积分数：	A.4.2.1.7	填写生产企业申报的发动机正常怠速时排气中碳氢化合物相对浓度
	高怠速转速（r/min）		发动机高怠速转速（包括允差）（r/min）：	A.4.2.1.6	填写发动机的高怠速转速
	高怠速时排气中一氧化碳百分比（%）		生产企业申报的发动机正常怠速和高怠速排期中的 CO 和 HC 的体积分数：	A.4.2.1.7	填写生产企业申报的发动机正常高怠速时排气中一氧化碳百分比数值

系统参数	项目名称	子项目	项目名称	A编号	填写说明
发动机概述	高怠速时排气中碳氢化合物体积浓度（$10^{-6}\,v/v$）		生产企业申报的发动机正常怠速和高怠速排期中的 CO 和 HC 的体积分数：	A.4.2.1.7	填写生产企业申报的发动机正常高怠速时排气中碳氢化合物相对浓度
	高怠速的 λ 值控制范围		生产企业申报的发动机高怠速的 λ 值控制范围：	A.4.2.1.8	填写发动机的高怠速转速的 λ 值控制范围。这是排放国六阶段参数
	气门布置		气门数及气门布置：	A.4.2.1.14	填写气门的布置形式，例如"顶置""侧置"等
	机舱隔声材料		机舱隔声材料：	A.4.2.1.15	填写机舱隔声材料的名称
	其他降噪系统				填写其他降噪系统的名称
	燃料类型（单燃料/两用燃料）		汽车燃料类型：单燃料/两用燃料	A.4.2.3	填写汽车燃料类型，例如"单燃料""两用燃料"
	气门数		气门数及气门布置：	A.4.2.1.14	填写进气门和排气门的气门数总和
	冷启动系统工作原理		冷启动系统工作原理：	A.4.2.4.2.8.1	填写冷启动系统的工作原理，例如"根据水温确定喷油量"
	操作限制/设定		冷启动系统操作限制/设定：	A.4.2.4.2.8.2	填写冷启动系统的操作限制或设定，例如"工作温度：80℃"等
	进气方式				填写进气系统的进气方式
燃料喷射	工作原理	单点、多点，进气歧管喷射、缸内直接喷射	工作原理：进气歧管单点、多点、直喷/其他（说明）	A.4.2.4.2.1	填写燃料喷射型式点燃式发动机燃油供给的工作原理，例如"单点喷射""多点喷射"或"缸内直喷"等
	电控单元型号		型号：	A.4.2.4.2.3	填写 ECU 型号
	生产厂				
	生产厂名称打刻内容				
	或打刻内容图片				
供油泵、点火装置	供油泵型号		供油泵型号	A.4.2.4.3.1	填写供油泵的型号
	供油泵生产厂		供油泵生产厂名称	A.4.2.4.3.2	填写供油泵的生产厂名称
	压力（kPa）		供油泵压力	A.4.2.4.3.3	填写供油泵的供油压力
	点火装置型号		点火系统型号：	A.4.2.5.1.2	填写点火系统的型号
	生产厂		点火系统生产厂名称：	A.4.2.5.1.1	填写点火系统的名称

系统参数	项目名称	子项目	项目名称	A 编号	填写说明
供油泵、点火装置	工作原理		点火系统工作原理：	A.4.2.5.1.3	填写点火装置的工作原理，例如"动态点火正时控制"等
	点火提前曲线示意图		点火系统点火提前曲线示意图：	A.4.2.5.1.4	上传点火提前曲线图，格式为图片
	静态点火正时（上止点前读数）		点火系统静态点火正时（上止点前度数）（°）：	A.4.2.5.1.5	填写在上止点前的静态点火正时角度值
	闭合角度数		点火系统闭合角度数（°）：	A.4.2.5.1.6	填写闭合角的角度值
	火花塞型号		火花塞型号：	A.4.2.5.2.2	填写火花塞的型号
	生产厂		火花塞生产厂名称：	A.4.2.5.2.1	填写火花塞的生产厂名称
	火花塞设定间隙		火花塞设定间隙（mm）：	A.4.2.5.2.3	填写火花塞设定间隙。这是排放国六阶段参数
	点火线圈型号		点火线圈型号：	A.4.2.5.3.2	填写点火线圈的型号
	生产厂		点火线圈生产厂名称：	A.4.2.5.3.1	填写点火线圈的生产厂名称
	点火电容器型号		点火电容器型号：	A.4.2.5.4.2	填写点火电容器型号
	生产厂		点火电容器生产厂名称：	A.4.2.5.4.1	填写点火电容器生产厂名称
冷却系统	冷却系统	液冷或风冷	冷却系统（液冷或风冷）	A.4.2.6	请选择冷却系统的型式，是"液冷"还是"风冷"
	发动机温度调节器机构额定设置		发动机温度调节器机构额定设置：	A.4.2.6.1	填写节温器的控制温度值
	循环泵型号		循环泵型号：	A.4.2.6.2.3.2	若冷却系统的型式是液冷，请填写循环泵的型号
	厂牌		循环泵生产厂名称：	A.4.2.6.2.3.1	若冷却系统的型式是液冷，请填写循环泵的厂牌名称
	循环泵特性		循环泵特性：	A.4.2.6.2.3	填写循环泵特性，例如"最大流量，扬程"等
	传动比		循环泵传动比：	A.4.2.6.2.4	填写传动机构的传动比
	风扇及其传动机构的说明		风扇及其传动机构的说明：	A.4.2.6.2.5	填写风扇及其传动机构的说明，例如有无离合器、分离温度、是否是电动风扇等
	液冷性质		液体性质：	A.4.2.6.2.1	填写冷却液的种类
	鼓风机型号		鼓风机型号：	A.4.2.6.3.2.2	若冷却系统的型式是风冷，请填写鼓风机的型号

系统参数	项目名称	子项目	项目名称	A编号	填写说明
冷却系统	厂牌		生产厂名称:	A.4.2.6.3.2.1	若冷却系统的型式是风冷,请填写鼓风机的厂牌名称
	特性		鼓风机特性:	A.4.2.6.3.2	填写风机的特性,例如最大流量、扬程、控制点温度等
	传动比		鼓风机传动比:	A.4.2.6.3.3	填写传动机构的传动比
进气系统	进气管及其附件示意图或照片		进气管及其附件的说明和示意图(充气室、加热器件、附加进气等):	A.4.2.7.4	上传示意图,格式为图片。示意图包含进气管及其附件的说明和图样,应包括加压室、加热装置、附加空气进气等
	进气支管示意图或照片		进气支管说明[包括示意图和(或)照片]:	A.4.2.7.4.1	上传进气歧管的图样或照片,格式为图片
	进气管及其附件的说明(如有特殊处可在此说明)		进气管及其附件的说明和示意图(充气室、加热器件、附加进气等):	A.4.2.7.4	进气管及其附件如有特殊处可在此说明,例如充气式、加热器件、附加进气等
	进气支管说明(如有特殊处可在此说明)		进气支管说明[包括示意图和(或)照片]:	A.4.2.7.4.1	进气支管如有特殊处可在此说明
	二次空气喷射系统				填写"有"或"无"
	空气喷射系统型式(脉冲空气、空气泵等)				如果装有二次空气喷射系统,请填写系统的作用型式,例如"脉冲空气""空气泵"等
	二次空气喷射系统工作原理				请上传描述二次空气喷射系统工作原理的附件
	二次空气喷射系统型号				填写二次空气喷射系统的型号
	二次空气喷射系统生产厂				填写二次空气喷射系统的生产厂名称
	增压器型号		增压器型号:	A.4.2.7.1.2	填写增压器的型号
	生产厂		增压器生产厂名称:	A.4.2.7.1.1	填写增压器的生产厂名称
	型号生产厂名称打刻内容		增压器生产厂名称打刻标识或打刻内容图片:	A.4.2.7.1.3	填写增压器的型号和生产厂名称在零件上的打刻内容

系统参数	项目名称	子项目	项目名称	A编号	填写说明
进气系统	或打刻内容图片		增压器生产厂名称打刻标识或打刻内容图片:	A.4.2.7.1.3	上传增压器的型号和生产厂名称在零件上打刻内容的图片
	系统说明〔最大充气压力（kPa），放气方式（如有）〕		增压器系统说明（即最大充气压力）（kPa）:	A.4.2.7.1.4	填写增压器的最大充气压力。如果有放气方式，还应填写增压器的放气方式
	空气滤清器型号		空气滤清器型号:	A.4.2.7.4.2.2	填写空气滤清器的型号
	生产厂		空气滤清器生产厂名称:	A.4.2.7.4.2.1	填写空气滤清器的生产厂名称
	示意图		空气滤清器或示意图:	A.4.2.7.4.2	上传空气滤清器的示意图，格式为图片
	中冷器型式		中冷器类型: 空气-空气或空气-水	A.4.2.7.2.1	填写中冷器型式
	出口温度		中冷器出口温度（℃）:	A.4.2.7.2.2	填写中冷器出口温度。这是排放国六阶段参数
	进气消声器型号		进气消声器型号:	A.4.2.7.4.3.2	填写进气消声器的型号
	生产厂		进气消声器生产厂名称:	A.4.2.7.4.3.1	填写进气消声器的生产厂名称
	示意图		进气消声器或示意图:	A.4.2.7.4.3	上传进气消声器的示意图，格式为图片
排气系统	排气消声器型号		排气消声器型号:	A.4.2.8.2	填写排气消声器的型号
	生产厂		排气消声器生产厂名称:	A.4.2.8.1	填写排气消声器的生产厂名称
	型号生产厂名称打刻内容		排气消声器生产厂名称打刻内容或打刻内容图片:	A.4.2.8.3	填写排气消声器的型号和生产厂名称在零件上的打刻内容
	型号生产厂名称打刻内容图片		排气消声器生产厂名称打刻内容或打刻内容图片:	A.4.2.8.3	上传排气消声器的型号和生产厂名称在零件上打刻内容的图片
	排气系统示意图		排气系统说明和（或）示意图:	A.4.2.8.5	上传排气系统示意图，格式为图片
	排气支管示意图		排气支管说明和（或）示意图:	A.4.2.8.4	上传排气支管示意图，格式为图片
	进口和出口端最小的横截面面积（cm²）（如有特殊处可在此说明）		进气、排气门端口的最小横截面面积:	A.4.2.8.7	填写排气消声器进气、排气口的最小横截面面积

系统参数	项目名称	子项目	项目名称	A编号	填写说明
气阀正时、污染控制装置	气阀最大升程（mm）				填写进气、排气气阀最大升程，例如"9.9（进气），9.7（排气）"
	开启角度（°）		气门开启角度或正时曲线（°）：	A.4.2.9.1	填写气门的开启角度，例如"81°/11° BTDC（进气），165°/110° ATDC（排气）"
	关闭角度（°）		气门关闭角度或正时曲线（°）：	A.4.2.9.2	填写气门的关闭角度，例如"174° ATDC/116° BTDC（进气），68°/13° ATDC（排气）"
	正时曲线		气门开启角度或正时曲线（°）：气门关闭角度或正时曲线（°）：	A.4.2.9.1 A.4.2.9.2	上传气门的正时曲线图片
	可变正时系统开启进气设定范围（°）		可变正时系统开启进气设定范围（°）：	A.4.2.9.3	填写可变正时系统开启进气设定范围（°），例如"长气门升程：30° BTDC 至 20° ATDC，短气门升程：40° BTDC 至 10° ATDC"
	可变正时系统开启排气设定范围（°）		可变正时系统开启排气设定范围（°）：	A.4.2.9.4	填写可变正时系统开启排气设定范围（°），例如" 65° BBDC 至 15° ABDC"
	可变正时系统关闭进气设定范围（°）		可变正时系统关闭进气设定范围（°）：	A.4.2.9.5	填写可变正时系统关闭进气设定范围（°），例如"长气门升程:150° ATDC 至 20° ABDC，短气门升程：90° ATDC 至 140° ABDC"
	可变正时系统关闭排气设定范围（°）		可变正时系统关闭排气设定范围（°）：	A.4.2.9.6	填写可变正时系统关闭排气设定范围（°），例如"25° BTDC至25° ATDC"
	曲轴箱气体再循环装置型号		曲轴箱型号：	A.4.2.10.1.1	填写曲轴箱气体再循环装置的型号
	曲轴箱气体再循环装置生产厂		曲轴箱生产厂名称：	A.4.2.10.1.2	填写曲轴箱气体再循环装置的生产厂名称

系统参数	项目名称	子项目	项目名称	A 编号	填写说明
气阀正时、污染控制装置	生产厂名称打刻内容		曲轴箱生产厂名称打刻内容或打刻内容图片：	A.4.2.10.1.3	填写曲轴箱气体再循环装置的型号和生产厂名称在零件上的打刻内容
	打刻内容图片		曲轴箱生产厂名称打刻内容或打刻内容图片：	A.4.2.10.1.3	上传曲轴箱气体再循环装置的型号和生产厂名称在零件上打刻内容的图片
	曲轴箱其他再循环装置示意图		曲轴箱气体再循环装置（说明及示意图）：	A.4.2.10.1.4	上传曲轴箱其他再循环装置示意图的图片
	曲轴箱排放污染控制方式		曲轴箱污染控制方式：	A.4.2.10.1.5	填写曲轴箱污染控制方式，例如"闭环强制通风"或"压力平衡"等
催化转化器、氧传感器	催化转化器型号		催化转化器型号：	A.4.2.10.2.1.1	填写催化转化器的型号
	催化转化器生产厂		催化转化器生产厂名称：	A.4.2.10.2.1.2	填写催化转化器的生产厂名称
	催化转化器数目		催化转化器的数目：	A.4.2.10.2.1.4	填写催化转化器的数目
	及其催化单元的数目		催化转化器催化单元的数目：	A.4.2.10.2.1.4	填写催化转化器催化单元的数目
	催化转化器尺寸		催化转化器的尺寸、形状：	A.4.2.10.2.1.5	填写催化转化器的尺寸信息
	型号生产厂名称打刻内容				
	打刻内容图片				
	催化转化器形状		催化转化器的尺寸、形状：	A.4.2.10.2.1.5	上传催化转化器形状的图片
	热保护	有/无	催化转化器热保护：有/无	A.4.2.10.2.1.7	填写催化转化器有无隔热层，请选择"有"或"无"
	催化转化器的作用型式		催化转化器的作用型式：	A.4.2.10.2.1.6	填写催化转化器的作用型式，例如"三元催化"等
	封装生产厂		催化转化器封装生产厂名称：	A.4.2.10.2.1.11.1	填写催化转化器封装生产厂名称
	封装生产厂名称打刻内容		催化转化器封装生产厂名称打刻内容或打刻内容图片：	A.4.2.10.2.1.11.2	填写催化转化器封装生产厂名称在催化转化器上的打刻内容
	封装生产厂名称打刻内容示意图		催化转化器封装生产厂名称打刻内容或打刻内容图片：	A.4.2.10.2.1.11.2	上传催化转化器封装生产厂名称在催化转化器上打刻内容的图片

系统参数	项目名称	子项目	项目名称	A编号	填写说明
催化转化器、氧传感器	催化转化器壳体型式		催化转化器壳体的型式：	A.4.2.10.2.1.11.3	填写催化转化器外壳材料的名称，如"金属"等
	催化转化器的位置		催化转化器的位置（在排气系统中的位置和基准距离）：	A.4.2.10.2.1.8	提供催化转化器在排气管路中的位置和基准距离的说明或图样，例如"紧靠排气歧管后部"或"距离排气歧管××mm"等
	贵金属含量（g）（Pt、Pd、Rh）		贵金属总含量（g）（信息公开值和试验报告）：	A.4.2.10.2.1.9.3	附录里填写催化转化器各贵金属含量的信息公开值，例如"Pt: 0.000 0/Rh: 0.134 0/Pd: 3.080 0"（建议保留小数点后4位）
	相对浓度（铂：钯：铑）		贵金属比例（Pt：Pd：Rh）：	A.4.2.10.2.1.9.4	填写催化转化器各贵金属的相对浓度
	载体生产厂		载体生产厂名称：	A.4.2.10.2.1.10.1	填写催化转化器贵金属载体的生产厂名称
	载体材料		贵金属载体材料：	A.4.2.10.2.1.10.3	填写催化转化器的载体材料
	载体体积（L）		贵金属载体体积：	A.4.2.10.2.1.10.4	填写催化转化器各载体的体积
	孔密度（目）		贵金属载体孔密度：	A.4.2.10.2.1.10.6	填写催化转化器的孔密度
	载体涂后质量（g）		贵金属载体涂覆后质量：	A.4.2.10.2.1.10.5	填写各载体贵金属涂覆后质量
	涂层生产厂		催化转化器涂层生产厂名称：	A.4.2.10.2.1.9.1	填写催化转化器涂层生产厂名称
	载体生产厂名称打刻内容示意图		贵金属载体生产厂名称打刻内容或打刻内容图片：	A.4.2.10.2.1.10.2	上传催化转化器贵金属载体生产厂在催化器上打刻内容的图片
	载体生产厂名称打刻内容		贵金属载体生产厂名称打刻内容或打刻内容图片：	A.4.2.10.2.1.10.2	填写催化转化器贵金属载体生产厂在催化器上的打刻内容
	涂层生产厂名称打刻内容示意图		催化转化器涂层生产厂打刻内容或打刻内容图片：	A.4.2.10.2.1.9.2	上传催化转化器涂层生产厂在催化器上打刻内容的图片
	涂层生产厂名称打刻内容		催化转化器涂层生产厂打刻内容或打刻内容图片：	A.4.2.10.2.1.9.2	填写催化转化器涂层生产厂在催化器上的打刻内容

系统参数	项目名称	子项目	项目名称	A 编号	填写说明
催化转化器、氧传感器	催化转化器安装	'--位置； '--型号。			根据整车每个催化转化器的布置位置，选择催化转化器的型号和相应位置。例如"左：型号1；右：型号1；"或"前：型号1；后：型号2；"等
	氧传感器型号		氧传感器或氮氧传感器型号：	A.4.2.10.2.3.1	填写氧传感器的型号
	氧传感器生产厂		氧传感器或氮氧传感器生产厂名称：	A.4.2.10.2.3.2	填写氧传感器的生产厂名称
	型号生产厂名称打刻内容		氧传感器生产厂名称打刻内容或打刻内容图片：	A.4.2.10.2.3.3	填写氧传感器型号和生产厂名称在零件上的打刻内容
	打刻内容图片		氧传感器生产厂名称打刻内容或打刻内容图片：	A.4.2.10.2.3.3	上传氧传感器型号和生产厂名称在零件上打刻内容的图片
	氧传感器安装位置		氧传感器或氮氧传感器安装位置：	A.4.2.10.2.3.4	填写氧传感器的位置说明，例如"催化转化器前部及后部"
	控制范围		氧传感器或氮氧传感器控制范围：	A.4.2.10.2.3.5	填写氧传感器的控制范围
	零件号码识别		零件号码识别：	A.4.2.10.2.3.6	填写氧传感器外观号码
	压力传感器型号		压力传感器型号：	A.4.2.10.2.2.14.1	填写颗粒物捕集器前后端的压力传感器型号
	压力传感器生产厂		压力传感器生产厂名称：	A.4.2.10.2.2.14.2	填写颗粒物捕集器前后端的压力传感器生产厂
	数量		压力传感器数量：	A.4.2.10.2.2.14.3	填写监测颗粒物捕集器压力的传感器数量
	安装位置		压力传感器安装位置：	A.4.2.10.2.2.14.4	填写监测颗粒物捕集器压力的传感器安装位置图示
	传感器类型	氮氧传感器、排温传感器、PM 传感器			请从子项目中选择排气传感器的类型，如果三种类型的传感器同时安装在整车上，点击"新增"分别保存
	排气传感器型号				填写所选排气传感器的型号
	排气传感器生产厂				填写所选排气传感器的生产厂名称

系统参数	项目名称	子项目	项目名称	A编号	填写说明
催化转化器、氧传感	型号生产厂名称打刻内容				填写所选排气传感器型号和生产厂名称在零件上的打刻内容
	型号生产厂名称打刻内容图片				上传所选排气传感器型号和生产厂名称在零件上打刻内容的图片
	安装位置				填写所选排气传感器的安装位置
	控制范围				填写所选排气传感器的控制范围
蒸发排放控制系统	蒸发排放控制系统型式		蒸发控制系统：(整体式/非整体式/非整体式仅控制加油)	A.4.2.10.2.6	填写蒸发排放物控制系统的型式，例如"整体式""非整体式"或"非整体式仅控制加油"
	进气系统碳氢化合物吸附装置	有/无	进气系统碳氢化合物吸附装置：有/无	A.4.2.10.2.6.13	填写有无进气系统碳氢化合物吸附装置，请选择"有"或"无"
	蒸发系族（没有可选项，请先去菜单—"管理"—"系族管理"增加系族）				请先去菜单—"管理"—"系族管理"增加蒸发系族。再从下拉选项中选择
	蒸发污染物控制系统示意图		蒸发控制系统的示意图：	A.4.2.10.2.6.5	上传蒸发控制系统示意图，格式为图片
	为了降低非燃油碳氢化合物而进行的汽车预处理的资料		为了降低非燃油碳氢化合物而进行的汽车预处理的资料等：	A.4.2.10.2.6.16	上传为了降低非燃油碳氢化合物而进行的汽车预处理等的资料
	炭罐型号		型号：	A.4.2.10.2.6.1	填写蒸发控制系统中炭罐的型号
	炭罐生产厂		生产厂名称：	A.4.2.10.2.6.2	填写蒸发控制系统中炭罐的生产厂名称
	型号生产厂名称打刻内容		生产厂名称打刻内容或打刻内容图片：	A.4.2.10.2.6.3	填写蒸发控制系统中炭罐型号和生产厂名称在零件上的打刻内容
	打刻内容图片		生产厂名称打刻内容或打刻内容图片：	A.4.2.10.2.6.3	上传蒸发控制系统中炭罐型号生产厂名称在零件上打刻内容的图片
	干碳质量（g）		炭罐的有效容积（L）和干碳质量（g）：	A.4.2.10.2.6.8	填写干活性炭的质量

系统参数	项目名称	子项目	项目名称	A 编号	填写说明
蒸发排放控制系统	炭罐结构示意图		炭罐结构示意图：	A.4.2.10.2.6.6	上传炭罐结构示意图，格式为图片
	炭罐的初始工作能力（g/100 mL）		炭罐的初始工作能力（BWC 信息公开值）（g/100 mL）：	A.4.2.10.2.6.9	填写炭罐的初始工作能力（BWC 信息公开值），例如"5.0 g/100 mL"
	炭罐有效容积（L）		炭罐的有效容积（L）和干炭质量（g）：	A.4.2.10.2.6.8	填写炭罐的有效容积，例如"1.5 L"。注：系统中填写时，小数点保留位数会影响视同判定
	活性炭型号		活性炭生产厂名称和型号：	A.4.2.10.2.6.7	填写活性炭的型号
	活性炭生产厂		活性炭生产厂名称和型号：	A.4.2.10.2.6.7	填写活性炭的生产厂名称
	炭罐清洗单元描述		炭罐清洗单元描述及示意图：	A.4.2.10.2.6.12	填写炭罐清洗单元的描述
	炭罐清洗单元描述示意图		炭罐清洗单元描述及示意图：	A.4.2.10.2.6.12	上传炭罐清洗单元示意图，格式为图片
	全面详细说明装置和它们的调整状态		全面详细说明装置和它们的调整状态：	A.4.2.10.2.6.4	上传附件。附件为描述蒸发排放物控制系统装置的说明及调整状态的资料
	运行 GB 18352.6—2016 附录 I.5.7.1、附录 I.5.7.4 或附录 I.5.7.9 规定的逐秒测量的脱附量及其总和以及从车辆冷启动后到脱附启动的时间		运行 GB 18352.6—2016 中附录 I.5.7、附录 I.5.7.5.3 或附录 I.5.7.5.4 规定的逐秒测量的脱附量及其总和以及从车辆冷启动后到脱附启动的时间：	A.4.2.10.2.6.18	上传附件。附件可以体现 GB 18352.6—2016 中运行附录 I.5.7、附录 I.5.7.5.3 或附录 I.5.7.5.4 规定的逐秒测量的脱附量及其总和以及从车辆冷启动后到脱附启动的时间
	运行 GB 18352.6—2016 附录 F.6.9 时逐秒测量的脱附量及其总和。车辆点火启动后到开始脱附的时间		运行 GB 18352.6—2016 中附录 F.5.9 时逐秒测量的脱附量及其总和。车辆点火启动后到开始脱附的时间：	A.4.2.10.2.6.17	上传附件。附件可以体现 GB 18352.6—2016 中附录 F.5.9 时逐秒测量的脱附量及其总和以及从车辆点火启动后到开始脱附的时间
	油箱生产厂				填写燃油箱的生产厂名称
	油箱材料		油箱示意图并说明其容量和材料：	A.4.2.10.2.6.10	填写燃油箱的材料，例如"塑料""金属"等

系统参数	项目名称	子项目	项目名称	A编号	填写说明
蒸发排放控制系统	油箱隔热设备尺寸		油箱隔热设备尺寸（mm）：	A.4.2.10.2.6.11.1	填写油箱隔热设备尺寸，例如"630.3 mm×485.2 mm×202.5 mm"
	油箱容积（L）		油箱示意图并说明其容量和材料：	A.4.2.10.2.6.10	填写燃油箱的容量
	油箱示意图		油箱示意图并说明其容量和材料：	A.4.2.10.2.6.10	上传燃油箱示意图，格式为图片
	油箱隔热设备相对于油箱和排气系统的位置及其热保护示意图		燃油箱和排气系统间隔热层的热保护示意图：	A.4.2.10.2.6.11.2	上传燃油箱和排气系统间隔热层的示意图，格式为图片
	油箱隔热设备使用的材质和固定于车体的方法		使用的材质和固定于车体的方法：	A.4.2.10.2.6.11.3	填写油箱隔热设备使用的材质和固定于车体的方法，例如"AL 1050、焊接支座和螺钉固定"
	如采用无加油盖设计，提供对燃油管密封的方法描述或相应的设计方案		如采用无加油盖设计，提供对燃油管密封的方法描述或相应的设计方法：	A.4.2.10.2.6.14.4	上传附件。如采用无加油盖设计，需提供对燃油管密封的方法描述或相应的设计方法
	油箱盖型号		油箱盖型号：	A.4.2.10.2.6.14.2	填写油箱盖生产厂型号
	油箱盖生产厂		油箱盖生产厂名称：	A.4.2.10.2.6.14.1	填写油箱盖的生产厂名称
	油箱盖压力		油箱盖压力及真空设定（Pa）：	A.4.2.10.2.6.14.3	填写油箱压力，例如"4 kPa"
	油箱盖真空设定		油箱盖压力及真空设定（Pa）：	A.4.2.10.2.6.14.3	填写油箱真空设定，例如"4 kPa"
	油箱和加油管压力的压力阀开启压力（kPa）		油箱和加油压力的压力阀开启压力（kPa）：	A.4.2.10.2.6.15.1	填写油箱和加油压力的压力阀开启压力，例如"4～5.5 kPa"
	真空泄压阀的开启压力（kPa）		真空泄压阀的开启压力（kPa）：	A.4.2.10.2.6.15.2	填写真空泄压阀的开启压力，例如"15 kPa"
	加油管密封结构示意图		加油管密封结构示意图：	A.4.2.10.2.6.15.3	上传加油管密封结构的示意图，格式为图片
排气再循环	排气再循环型号		排气再循环型号：	A.4.2.10.2.5.1	填写排气再循环（EGR）装置的型号
	生产厂		排气再循环生产厂名称：	A.4.2.10.2.5.2	填写排气再循环装置的生产厂名称
	型号生产厂名称打刻内容		生产厂名称打刻内容或打刻内容图片：	A.4.2.10.2.5.3	填写排气再循环装置型号和生产厂名称在零件上的打刻内容

系统参数	项目名称	子项目	项目名称	A 编号	填写说明
排气再循环	打刻内容图片		生产厂名称打刻内容或打刻内容图片：	A.4.2.10.2.5.3	上传排气再循环装置型号和生产厂名称打刻内容的图片
	水冷系统	有/无	排气再循环水冷系统：	A.4.2.10.2.5.5	请从子项目中选择"有"或"无"排气再循环水冷系统
	特性（流量等）		排气再循环特性（流量等）：	A.4.2.10.2.5.4	填写排气再循环的特性，例如"排气再循环系统的流量"等
	液体冷却系出口处的最高温度（℃）		对于液体冷却系出口处的最高温度（℃）：	A.4.3.1.1.1	填写冷却系统为液冷的出口处的最高温度
	空气冷却系参考点		对于空气冷却系的参考点：	A.4.3.1.2.1	填写冷却系统为风冷的基准点的位置说明
	空气冷却系参考点处的最高温度（℃）		对于空气冷却系的参考点处的最高温度（℃）：	A.4.3.1.2.2	填写冷却系统为风冷的基准点的最高温度
	中冷器进口处的最高排气温度（℃）		中冷器进口处的最高温度（℃）：	A.4.3.2	填写进气中冷器出口的最高温度
	靠近排气支管外边界的排气管内参考点的最高排气温度（℃）		靠近排气支管外边界的排气管内参考点的最高排气温度（℃）：	A.4.3.3	填写排气管靠近排气歧管出口的法兰盘处的最高排气温度
	燃料最低温度（℃）		燃料的最低温度（℃）：	A.4.3.4	填写燃料的最低温度
	燃料最高温度（℃）		燃料的最高温度（℃）：	A.4.3.4	填写燃料的最高温度
	润滑油最低温度（℃）		润滑油的最低温度（℃）：	A.4.3.5	填写润滑油的最低温度
	润滑油最高温度（℃）		润滑油的最高温度（℃）：	A.4.3.5	填写润滑油的最高温度
OBD、颗粒捕集器	OBD 生产厂		OBD 系统供应商：	A.4.2.10.2.7.1	填写 OBD 生产厂名称
	OBD 系族（没有可选项请先去菜单—"管理"—"系族管理"增加系族）				请先去菜单—"管理"—"系族管理"增加 OBD 系族。再从下拉选项中选择
	OBD 试验用替代老化件，企业老化方法描述				上传附件。描述 OBD 每个试验用替代老化件（如催化转化器、颗粒捕集器、氧传感器、排气传感器等），企业对该零部件进行老化的方法的描述

系统参数	项目名称	子项目	项目名称	A 编号	填写说明
OBD、颗粒捕集器	是否有 IUPR 功能	是/否			请选择车辆"是"或"否"具有 IUPR 功能
	NO$_x$ 监测功能	是/否			请选择车辆"是"或"否"具有 NO$_x$ 监测功能
	计划书文件包				上传附件,包含 IUPR 声明和计划书
	颗粒捕集器型号		颗粒物捕集器型号:	A.4.2.10.2.2.1	填写颗粒捕集器的型号,多个型号的请点击"新增"为每个型号单独填写
	颗粒捕集器生产厂		颗粒物捕集器生产厂名称:	A.4.2.10.2.2.2	填写颗粒捕集器的生产厂名称
	型号生产厂名称打刻内容		颗粒物捕集器生产厂名称打刻内容或打刻内容图片:	A.4.2.10.2.2.3	填写颗粒捕集器型号和生产厂名称的打刻内容
	型号生产厂名称打刻内容图片		颗粒物捕集器生产厂名称打刻内容或打刻内容图片:	A.4.2.10.2.2.3	上传颗粒捕集器型号和生产厂名称打刻内容的图片
	颗粒捕集器类别	不带催化剂的颗粒捕集器/带氧化型催化剂的颗粒捕集器/带三元催化剂的颗粒捕集器			请从子项目中选择颗粒捕集器所属类别
	尺寸(mm)		颗粒物捕集器的尺寸:	A.4.2.10.2.2.5	填写颗粒捕集器的尺寸
	系统型式(如壁流式、直通式)		颗粒物捕集器系统型式(如壁流式、直通式):	A.4.2.10.2.2.6	填写颗粒捕集器的型式,如"壁流式"或"直通式"等
	颗粒捕集器形状		颗粒物捕集器的形状:	A.4.2.10.2.2.5	上传颗粒捕集器形状的图片
	颗粒捕集器数目		颗粒物捕集器数目:	A.4.2.10.2.2.4	填写颗粒物捕集器的数量
	单元数目		颗粒物捕集器的单元数目:	A.4.2.10.2.2.4	填写每个颗粒物捕集器内的单元数目。这是排放国六阶段参数
	颗粒捕集器两端压差值(OBD 设定报警值)最小值(kPa)		颗粒物捕集器两端压差值(OBD 设定报警值):	A.4.2.10.2.2.12.8	填写 OBD 监控颗粒物捕集器两端压差的报警阈值(OBD 策略不适用者,可不填)

系统参数	项目名称	子项目	项目名称	A编号	填写说明
OBD、颗粒捕集器	颗粒捕集器两端压差值（OBD设定报警值）最大值（kPa）		颗粒物捕集器两端压差值（OBD设定报警值）：	A.4.2.10.2.2.12.8	填写OBD监控颗粒物捕集器两端压差的报警阈值（OBD策略不适用者，可不填）
	颗粒捕集器壳体型式		壳体型式：	A.4.2.10.2.2.11.3	填写颗粒物捕集器外壳材料的名称
	颗粒捕集器最大载荷能力（g/L）		颗粒物捕集器最大载荷能力(g/L)：	A.4.2.10.2.2.12.9	填写颗粒物捕集器每升载体体积最大可以收集颗粒物的质量（g/L）
	封装生产企业（如多个请用分号隔开）		颗粒物捕集器封装生产厂名称：	A.4.2.10.2.2.11.1	填写颗粒物捕集器封装生产厂，如有多个请以分号分开填写
	正常工作温度范围（℃）		颗粒物捕集器正常工作温度范围（℃）：	A.4.2.10.2.2.12.6	填写颗粒物捕集器正常工作温度范围
	正常工作压力范围（kPa）		颗粒物捕集器正常工作压力范围（kPa）：	A.4.2.10.2.2.12.7	填写颗粒物捕集器正常工作压力范围
	在排气系统中的位置和基准距离（mm）		在排气系统中的位置和基准距离（mm）：	A.4.2.10.2.2.12.10	填写颗粒物捕集器再生装置在排气管路中的位置和基准距离的说明文字
	安装方式描述（如独立安装、并联安装、串联安装等）		颗粒物捕集器再生装置安装方式描述（如独立安装、并联安装、串联安装等）：	A.4.2.10.2.2.12.11	填写颗粒物捕集器再生装置安装方式（如独立安装、并联安装、串联安装等）
	再生方式	连续再生/周期再生/周期性单一再生/周期性复合再生/非周期性再生系统	颗粒物再生方式（连续再生/周期性单一再生/周期性复合再生）：	A.4.2.10.2.2.12.1	填写颗粒捕集器再生方式，除连续再生外的其他非周期性再生系统请选择"非周期性再生系统"
	再生方法描述		颗粒物再生方法描述：	A.4.2.10.2.2.12.2	上传附件。描述颗粒捕集器再生方法或系统的说明文件。对于除连续再生外的其他非周期性再生系统，请描述强制再生的触发条件，同时提交4 000 km内在WLTC工况下为发生强制性再生的试验数据

系统参数	项目名称	子项目	项目名称	A编号	填写说明
OBD、颗粒捕集器	是否需要用燃油添加剂（FBC）	是/否			请选择装有颗粒捕集器的车辆"是"或"否"需要适用燃油添加剂
	FBC 使用说明				如果车辆需要适用燃油添加剂，请填写相关适用说明
	周期再生两次再生之间的 I 型试验循环次数		在相当于 GB 18352.6—2016 中 I 型试验的条件下，两个再生阶段之间，I 型测试循环或等效的发动机台架试验循环的数目（附录 Q 中的"D"）：	A.4.2.10.2.2.12.3	填写两个再生阶段之间的车辆运行 GB 18352.6—2016 中 I 型测试循环数目，或者等效的发动机台架试验循环数目
	确定两个再生阶段之间循环数目所采用方法的说明		确定两个再生阶段之间循环数目所采用方法的说明	A.4.2.10.2.2.12.4	填写确定循环数目所采用方法的说明
	确定再生发生前所需的加载水平参数（温度、压力等）		确定再生发生前所需的加载水平参数（温度、压力等）：	A.4.2.10.2.2.12.5	填写再生发生前颗粒捕集器的温度及临界压力等加载水平参数
	对再生验证试验相关附录中所描述的试验程序中用于加载系统的方法的说明		对再生验证试验相关附录中所描述的试验程序中用于加载系统的方法的说明：	A.4.2.10.2.2.12.13	填写对再生验证试验程序中采用的用于颗粒捕集器加载系统的方法的说明
	机油消耗率				填写机油消耗率
	颗粒捕集器维护保养时间或里程				填写颗粒捕集器维护保养时间或里程（保养指清掉颗粒捕集器内的灰尘么？法律法规没有相关要求，此处为企业推荐保养要求）
	贵金属含量（g）（Pt、Pd、Rh）		颗粒物捕集器涂层贵金属总含量（信息公开值和试验报告）（g）：	A.4.2.10.2.2.9.3	填写颗粒物捕集器的每个载体涂层各贵金属含量的申报值，如"Pt：0.000 0/Rh：0.134 0/Pd：3.080 0"（建议保留小数点后 4 位）

系统参数	项目名称	子项目	项目名称	A编号	填写说明
OBD、颗粒捕集器	相对浓度（铂∶钯∶铑）		颗粒物捕集器涂层贵金属比例（Pt∶Pd∶Rh）:	A.4.2.10.2.2.9.4	填写颗粒捕集器的孔密度
	过滤体涂后质量		颗粒物捕集器载体涂覆后质量（g）:	A.4.2.10.2.2.10.5	填写颗粒捕集器各载体贵金属涂覆后质量
	过滤体材料		颗粒物捕集器载体材料:	A.4.2.10.2.2.10.3	填写过滤体的材料名称，如"堇青石""碳化硅（SIC）""钛酸铝（AT）"或"合金"等
	过滤体体积（L）		颗粒物捕集器载体体积（mL）:	A.4.2.10.2.2.10.4	填写过滤体的体积
	孔密度（目）		颗粒物捕集器数目:	A.4.2.10.2.2.4	填写颗粒捕集器的孔密度
	过滤体生产企业		颗粒物捕集器载体生产厂名称:	A.4.2.10.2.2.10.1	填写颗粒捕集器各个载体贵金属的相对浓度
	涂层生产企业		颗粒物捕集器涂层生产厂名称:	A.4.2.10.2.2.9.1	填写颗粒捕集器涂层生产厂名称
	过滤体生产企业名称打刻内容		颗粒物捕集器载体生产厂名称打刻内容或打刻内容图片:	A.4.2.10.2.2.10.2	填写颗粒捕集器过滤体生产厂在颗粒捕集器上的打刻内容
	过滤体生产企业名称打刻内容示意图		颗粒物捕集器载体生产厂名称打刻内容或打刻内容图片:	A.4.2.10.2.2.10.2	上传颗粒捕集器过滤体生产厂在颗粒捕集器零件上打刻内容的图片
	涂层生产厂名称打刻内容		颗粒物捕集器涂层生产厂名称打刻内容或打刻内容图片:	A.4.2.10.2.2.9.2	填写颗粒捕集器涂层生产厂在颗粒捕集器上的打刻内容
	涂层生产厂名称打刻内容示意图		颗粒物捕集器涂层生产厂名称打刻内容或打刻内容图片:	A.4.2.10.2.2.9.2	上传颗粒捕集器涂层生产厂在颗粒捕集器零件上打刻内容的图片
	封装生产厂名称打刻内容		颗粒物捕集器涂层生产厂名称打刻内容或打刻内容图片:	A.4.2.10.2.2.11.1	填写颗粒捕集器封装生产厂在颗粒捕集器上的打刻内容
	封装生产厂名称打刻内容示意图		颗粒物捕集器涂层生产厂名称打刻内容或打刻内容图片:	A.4.2.10.2.2.11.2	上传颗粒捕集器封装生产厂在颗粒捕集器零件上打刻内容的图片

系统参数	项目名称	子项目	项目名称	A 编号	填写说明
OBD、颗粒捕集器	颗粒捕集器安装				根据整车每个颗粒捕集器的布置位置，选择颗粒捕集器的型号和相应位置。例如"左：型号1；右：型号1；"或"前：型号1；后：型号2；"等
其他排放控制系统、润滑系	其他系统型号				填写其他排放系统的型号
	其他系统生产厂				填写其他排放系统的生产厂名称
	润滑剂型号				填写适用润滑油的型号
	生产厂				填写适用润滑油的生产厂名称，如无指定润滑油厂牌，可不填
	规格				填写适用润滑油的规格，如润滑油型号可以表征规格，可填写适用润滑油型号
	润滑油储油箱位置		润滑油储油箱的位置：	A.4.4.1.1	填写润滑油箱的位置说明文字
	供油系统	通过泵、向进口注射、与燃料混合	供油系统（通过泵、向进口注射、与燃料混合等）：	A.4.4.1.2	请从子项目中选择润滑油供给系统的方式
	与燃料混合百分比		润滑油与燃料混合百分比（%）：	A.4.4.3.1	填写润滑油与燃油混合的百分比
	润滑油泵型号		润滑油泵型号：	A.4.4.2.2	填写润滑油泵的型号
	润滑油泵生产厂		润滑油泵生产厂名称：	A.4.4.2.1	填写润滑油泵的生产厂名称
	机油冷却器型号		机油冷却器型号：	A.4.4.4.3	填写机油冷却器的型号
	机油冷却器生产厂		机油冷却器生产厂名称：	A.4.4.4.2	填写机油冷却器的生产厂名称
	机油冷却器示意图		机油冷却器示意图：	A.4.4.4.1	上传机油冷却器示意图的图片
混合动力-电机	混合动力系统布置图（发动机、电机、传动系综合）		混合动力系统布置图（发动机、电机、传动系综合）：	A.4.5.1.3.1	上传混合动力系统布置图的图片，包含发动机，电机，传动系综合等车辆系统
	混合动力系统工作原理描述		混合动力系统工作原理描述：	A.4.5.1.3.2	填写混合动力系统工作原理的描述文字
	制造厂推荐的预处理		生产企业推荐的预处理要求：	A.4.5.1.6	上传生产企业推荐的预处理要求文件（适用时）

系统参数	项目名称	子项目	项目名称	A编号	填写说明
混合动力-电机	电机型号		电动机型号：	A.4.5.3.2	填写电动机型号
	电机制造商		电动机生产厂名称：	A.4.5.3.1	填写电动机生产厂名称
	型号、制造商名称打刻内容				填写电机型号和生产厂名称的打刻内容
	型号/制造商名称打刻内容图片				上传电机型号和生产厂名称打刻内容的图片
	主要用途	驱动、发电、驱动及发电	主要用途：驱动电机、发电机	A.4.5.3.3	请从子项目中选择电动机的主要用途，例如"驱动""发电"或"驱动及发电"
	电机安装数量		当作为驱动电机时，电机数量：	A.4.5.3.3.1	填写当电机作为驱动电机时，该电机的数量
	驱动电机布置型式或位置				填写驱动电机的布置型式或位置
	驱动电机冷却方式		电机冷却方式：	A.4.5.3.8	填写电机的冷却方式
	驱动电机额定功率（kW）		额定输出功率及转速[kW/（r/min）]：	A.4.5.3.7	填写电机额定输出功率的大小
	驱动电机峰值功率（kW）		最大输出功率的持续时间（s）：	A.4.5.3.4	填写电动机的峰值功率
	驱动电机额定功率转速（r/min）		额定输出功率及转速[kW/（r/min）]：	A.4.5.3.7	填写电机额定输出功率对应的转速
	驱动电机峰值功率转速（r/min）				填写电动机的峰值功率对应的转速
	驱动电机额定功率扭矩（N·m）				填写电机额定输出功率对应的扭矩
	驱动电机峰值功率扭矩（N·m）				填写电动机的峰值功率对应的扭矩
	驱动电机工作原理1	直流电、交流电、相数	直流电、交流电、相数：	A.4.5.3.5.1	填写电机属于直流电动机或交流电动机，若为交流电动机应填写相数
	驱动电机工作原理2	他激、串激、复激	他激、串激、复激：	A.4.5.3.5.2	根据电机的主磁极的励磁方式（即激磁绕组取得直流电源的方式），从子项目"他激""串激"和"复激"中选择
	驱动电机工作原理3	同步或异步	同步或异步：	A.4.5.3.5.3	从子项目中选择，电机属于"同步电机"或"异步电机"
	能量储存装置型号		能量储存装置的型号：	A.4.5.2.1.2	填写能量储存装置的型号

系统参数	项目名称	子项目	项目名称	A 编号	填写说明
混合动力-电机	能量储存装置生产企业		能量储存装置的生产厂名称：	A.4.5.2.1.1	填写能量储存装置的生产厂名称
	型号和制造商名称打刻内容				填写能量储存装置型号和生产厂名称的打刻内容
	型号和制造商名称打刻内容图片				上传能量储存装置型号和生产厂名称打刻内容的图片
	能量储存装置的类型	电池、电容、其他	能量储存装置的类型：	A.4.5.2.1.4	选择能量储存装置的能源模块的类型，例如"电池""电容"或"其他"的能源类型
	电池型号				填写电池的型号
	电池生产企业				填写电池的生产企业名称
	充电装置	车载、外部、无	充电装置：	A.4.5.2.1.6	请从子项目中选择充电装置的位置，如"车载""外部"或"没有"
	能量电池：电压和3小时率电量		能量：	A.4.5.2.1.5	填写电池的能量值，用电压和3小时率电量表示
	电池单体数目及单体连接方式		电池单体数目及单体连接方式：	A.4.5.2.1.7.1	填写动力电池系统包含的电池单体数目，以及单体间的连接方式，如"5串"表示5只单体电池串联
	电池系统额定容量（Ah）		电池系统额定容量（Ah）：	A.4.5.2.1.7.2	填写动力电池额定容量
	电池系统标称电压（V）		填写电池系统标称电压（V）：	A.4.5.2.1.7.3	填写动力电池的额定电压
	储能装置单体的标称电压（V）				填写储能装置单体的标称电压
	储能装置单体生产企业				填写储能装置单体的生产企业
	储能装置总成额定输出电流（A）				填写储能装置总成额定输出电流
	储能装置总储电量（kW·h）				填写储能装置总成的额定输出电流
	最大放电功率（kW，50%SOC，10 s，25℃）		最大放电功率（kW，50%SOC，10 s，25℃）：	A.4.5.2.1.7.4	填写电池系统最大放电功率，条件是50%SOC，10 s，25℃

系统参数	项目名称	子项目	项目名称	A 编号	填写说明
混合动力-电机	电池系统重量（kg）		电池系统重量（kg）：	A.4.5.2.1.7.5	填写电池系统重量
	电池管理系统型号		电池管理系统型号：	A.4.5.2.1.7.6	填写电池管理系统型号
	电池管理系统生产企业		电池管理系统生产厂名称：	A.4.5.2.1.7.6	填写电池管理系统生产厂名称
	电池管理系统软件版本号		电池管理系统软件版本号：	A.4.5.2.1.7.7	填写电池管理系统软件版本号
	电池最大充电功率（kW，35%SOC，10 s，25℃）		最大充电功率（kW，35%SOC，10 s，25℃）：	A.4.5.2.1.7.8	填写电池系统最大充电功率，条件是 35%SOC，10 s，25℃
	电池系统冷却方式		电池系统冷却方式：	A.4.5.2.1.7.9	填写电池系统冷却方式
	DC/DC 转化器型号		DC/DC 转换器型号：	A.4.5.10.2	填写 DC/DC 转换器型号
	DC/DC 转化器制造商		DC/DC 转换器生产厂名称：	A.4.5.10.1	填写 DC/DC 转换器生产厂名称
	额定功率（kW）		DC/DC 转换器额定功率（kW）：	A.4.5.10.3	填写 DC/DC 转换器额定功率
	与电机控制器集成		DC/DC 转换器是否与电机控制器集成：	A.4.5.10.4	填写 DC/DC 转换器是否与电机控制器集成
	单向/双向		DC/DC 转换器单向或双向：	A.4.5.10.5	填写 DC/DC 转换器是单向或双向转换
	输出电压范围		DC/DC 转换器输出电压范围（V）：	A.4.5.10.6	填写 DC/DC 转换器输出电压的范围
	HCU 型号		HCU 型号：	A.4.5.4.2	填写动力控制单元（HCU）型号
	HCU 制造商		HCU 生产厂名称：	A.4.5.4.1	填写动力控制单元（HCU）生产厂名称
	型号和制造商名称打刻内容				填写 HCU 型号和生产厂名称在零件上的打刻内容
	型号和制造商名称打刻内容图片				上传 HCU 型号和生产厂名称在零件上打刻内容的图片
	软件版本号		HCU 软件版本号：	A.4.5.4.3	填写动力控制单元（HCU）软件版本号
	电机控制器型号		电机控制型号：	A.4.5.5.2	填写电机控制器的型号

系统参数	项目名称	子项目	项目名称	A编号	填写说明
混合动力-电机	电机控制器制造商		电机控制器生产厂名称:	A.4.5.5.1	填写电机控制器的生产厂名称
	型号和制造商名称打刻内容				
	型号和制造商名称打刻内容图片				
	电机控制器冷却方式		电机控制器冷却方式:	A.4.5.5.4	填写电机控制器的冷却方式
	控制器识别号		电机控制器识别号:	A.4.5.5.3	填写电机控制器的控制器识别号
	高压空调型号		高压空调型号:	A.4.5.6.2	填写高压空调的型号
	高压空调制造商		高压空调生产厂名称:	A.4.5.6.1	填写高压空调的生产厂名称
	高压空调额定功率（kW）		高压空调额定功率（kW）:	A.4.5.6.3	填写高压空调的额定功率
	电子真空泵型号		电子真空泵型号:	A.4.5.7.2	填写电子真空泵的型号
	电子真空泵制造商		电子真空泵生产厂名称:	A.4.5.7.1	填写电子真空泵的生产厂名称
	电子真空泵额定功率（kW）		电子真空泵额定功率（kW）:	A.4.5.7.3	填写电子真空泵的额定功率
	电子助力转向装置型号		电子助力转向装置型号:	A.4.5.8.2	填写转向助力器的型号
	电子助力转向装置制造商		电子助力转向装置生产厂名称:	A.4.5.8.1	填写转向助力器的生产厂名称
	电子助力转向装置额定功率（kW）		电子助力转向装置额定功率（kW）:	A.4.5.8.3	填写电子真空泵额定功率
	专用制动能量回收系统型号		制动力分配控制单元型号:	A.4.5.9.2	制动力分配控制单元型号
	专用制动能量回收系统制造商		制动力分配控制单元生产厂:	A.4.5.9.1	填写制动力分配控制单元生产厂
	专用制动能量回收系统型式	主动回收系统/被动回收系统			请从子项目中选择制动能量回收系统的型式
	车载能源管理系统型号				填写车载能源管理系统的型号
	车载能源管理系统制造商				填写车载能源管理系统的制造商名称

系统参数	项目名称	子项目	项目名称	A 编号	填写说明
传动系	离合器型式		离合器型式：	A.5.2.1	填写离合器的型式，例如"单片干式""多片湿式"或"机械-液压"等
	变速箱型式		变速器的型式（手动/自动/CVT）：	A.5.3.1	填写变速器的型式，例如"手动""自动""CVT（无级变速）"等
	变速箱型号		变速箱型号：	A.5.1.1	填写变速器的型号
	变速箱厂家		变速箱生产厂名称：	A.5.1.2	填写变速器的生产厂名称
	发动机飞轮的转动惯量（kg·m^2）		发动机飞轮的转动惯量（kg·m^2）：	A.5.1.3	填写发动机飞轮的惯性矩
	不带啮合齿轮的附加转动惯量（kg·m^2）		不带啮合齿轮的附加转动惯量（kg·m^2）：	A.5.1.4	填写发动机飞轮在空挡时的附加惯性矩
	传递的最大扭矩（N·m）		离合器传递的最大扭矩（N·m）：	A.5.2.2	填写离合器的最大传递扭矩
	相对于发动机的位置				填写变速器相对于发动机的位置
	挡位数		挡位数：	A.5.3.2	填写变速器的前进挡位数
	主减速比（主传动比）		按附录 A.5.4 填写速比：	A.5.4	
	各挡位速比		按附录 A.5.4 填写速比：	A.5.4	
	如是手动挡，上传手动挡换挡点确定时所需要的参数				如是手动挡，上传手动挡换挡点确定时所需要的参数附件
悬挂系	车轴	轴 1 或轴 2	车轴：	A.6.1.1.1	轮胎型号按适用车轴，逐一填写；请从子项目中选择当前轮胎型号适用于"轴 1"或"轴 2"
	轮胎型号		对于所有可选轮胎，指出尺寸标记、最大负荷能力指标、最大速度类型符号；对于拟安装到最高速度超过 300 km/h 汽车上的 Z 类轮胎，应提供同类信息；对于车轮应指出轮辋尺寸和偏差：	A.6.1.1	填写轮胎的规格型号，型号规格应包括负荷指数和速度级别

系统参数	项目名称	子项目	项目名称	A编号	填写说明
悬挂系	所有可选择的轮胎厂牌				填写所有可选择的轮胎厂牌
	式样（型式）				填写轮胎的式样，如"子午线轮胎""带束斜交胎"或"斜交轮胎"等
	轮胎尺寸		对于所有可选轮胎，指出尺寸标记、最大负荷能力指标、最大速度类型符号；对于拟安装到最高速度超过300 km/h汽车上的Z类轮胎，应提供同类信息；对于车轮应指出轮辋尺寸和偏差：	A.6.1.1	填写轮胎的规格型号，型号规格应包括负荷指数和速度级别
	轮胎压力（kPa）		生产企业推荐的轮胎压力：	A.6.1.3	填写生产企业推荐的轮胎压力
	最大速度类型符号		对于所有可选轮胎，指出尺寸标记、最大负荷能力指标、最大速度类型符号；对于拟安装到最高速度超过300 km/h汽车上的Z类轮胎，应提供同类信息；对于车轮应指出轮辋尺寸和偏差：	A.6.1.1	填写轮胎的规格型号，型号规格应包括负荷指数和速度级别
	最大负荷能力指标		对于所有可选轮胎，指出尺寸标记、最大负荷能力指标、最大速度类型符号；对于拟安装到最高速度超过300 km/h汽车上的Z类轮胎，应提供同类信息；对于车轮应指出轮辋尺寸和偏差：	A.6.1.1	填写轮胎的规格型号，型号规格应包括负荷指数和速度级别

系统参数	项目名称	子项目	项目名称	A 编号	填写说明
悬挂系	轮辋尺寸和偏差		对于所有可选轮胎，指出尺寸标记、最大负荷能力指标、最大速度类型符号；对于拟安装到最高速度超过 300 km/h 汽车上的 Z 类轮胎，应提供同类信息；对于车轮应指出轮辋尺寸和偏差；	A.6.1.1	填写轮胎的规格型号，型号规格应包括负荷指数和速度级别
	轮胎滚动半径的上下限		滚动半径的上下限：	A.6.1.2	填写轮胎的滚动半径上下限值
	轮胎数量				填写轮胎所在轴，改轮胎安装数量
车体	座椅数量		座椅数量：	A.7.2	填写座椅的数量，如多种座椅数量的配置，应点击"新增"分别填写
	车身的型式	轿车、仓门式后备车、两厢车、客货两用车、卡车、敞篷车、厢式货车、多用途乘用车、多用途货车、多用途车	车身型式：	A.7.1	请从子项目中选择车身所属的型式
	RDE 设备安装方法描述		RDE 设备安装方法描述：	A.8.1	上传车辆进行 RDE 试验时车载排放设备安装方法的描述文件
	道路载荷	道路滑行、计算、风洞、其他	道路载荷方法：	AA.4.4.1	请从子项目中选择车型道路载荷的确定方法
	道路载荷系数	f0: f1: f2:			请填写根据所选道路载荷方法确定的道路载荷系数，应与上传的道路滑行报告中的数值一致
	选择道路滑行上传报告（请先填道路载荷系数）				上传根据所选道路载荷确定方法得到的道路滑行报告
排放质保部件要求	排放质保部件要求		排放质保零部件要求：	AB	根据在排放质保零部件清单中勾选车型所适用的排放质保件

附录 B   随车清单填写说明

B.1   纸张规格

应采用《图书和杂志开本及其幅面尺寸》（GB/T 788—1999）规定的 A 系列规格纸张的 A4 幅面（210 mm×297 mm）制作，纸张规格不小于 140 g/m²。

B.2   打印要求

双面打印，上边距 15 mm，左、右、下边距 12 mm，随车清单背面部分应保证打印在一页内，如内容过多，可对行间距和字体进行适当调整。

B.3   边框、底纹及水印

边框：清单正面及背面边框的花色不同，颜色均为 R54 G85 B138；

底纹：清单正面及背面使用相同的底纹，覆盖整个页面，颜色为 R225 G236 B241；

水印：清单正面无水印，背面有一个直径为 170 mm 的徽标形水印，颜色为 R237 G244 B247，距上下边 63.5 mm、距左右边 20 mm。

边框、底纹及水印素材可登录机动车环保网（www.vecc.org.cn）下载。

B.4   随车清单正面部分

B.4.1   标题

第一行打印"中华人民共和国"字样，行高 40 pt，字体为 30 号方正大标宋，字体颜色为 R168 G0 B0；

第二行打印"机动车环保信息随车清单"字样，行高 40 pt，字体为 30 号方正大标宋，字体颜色为 R168 G0 B0。

B.4.2   排放阶段

与标题行间距为 8.5 mm，打印"（中国第六阶段）"字样，字体为 25 号方正大标宋，字间距 50 pt，字体颜色为 R168 G0 B0。

B.4.3   徽标及徽标底纹

徽标应位于纸张正中间位置，尺寸为 31.5 mm×31.5 mm；

徽标有底纹，底纹尺寸为徽标底纹：75 mm×75 mm；

徽标素材可登录机动车环保网（www.vecc.org.cn）下载。

B.4.4 企业名称

打印信息公开责任主体名称，字体为 25 号方正大标宋，字体颜色为 R0 G0 B0。

B.4.5 信息公开编号

与上一行内容的距离为 10 mm，打印企业完成该车型信息公开工作后获取的信息公开编号：

第一行打印"信息公开编号"字样，字体为 15 号，行高 20 pt，中文使用黑体，英文使用 Arial，字体颜色为 R0 G0 B0；

第二行打印车型信息公开编号，如"CN QQ G6 Z2 12345678"，字体为 15 号，行高 20 pt，英文使用 Arial，字体颜色为 R0 G0 B0。

B.4.6 车辆识别代号条形码

与上一行内容的距离为 10 mm，第一行打印车辆识别代号条形码信息，采用 Code128 编码，尺寸大小约为 56.5 mm×7.5 mm，内容为完整的车辆识别代号，颜色为 R0 B0 G0；

第二行打印车辆识别代号（VIN），如"VIN：12345678901234567"，字体为 10 号 Arial，字体颜色为 R0 B0 G0。此行底部距离纸张底部应为 36.5 mm。

B.5 随车清单背面部分

B.5.1 企业声明

声明内容包括企业名称，以及企业承诺，具体内容见对应模板，字体为 9 号宋体，字体颜色为 R0 G0 B0，行距 11 pt。

企业声明与车辆信息之间距离为 8.7 mm，中间用分割线隔开。

B.5.2 二维码

企业声明右侧位置应打印二维码图案，二维码图案采用 QRCode 编码，尺寸大小约为 23 mm×23 mm，包含内容可登录"http://xxgk.vecc.org.cn/vin/车辆识别代号"获取。

B.5.3 车辆信息

标题加粗，具体内容见对应模板，字体为 9 号宋体，字体颜色为 R0 G0 B0，行距 11.5 pt。

B.5.4 检验信息

标题加粗，段落部分行距 5.15 mm。检验信息包括定型检验信息、出厂检验信息及生产一致性自检信息，具体内容见对应模板，定型检验信息中依据的标准应和"3 企业声明"对应，如在多个检测机构进行检验的，以逗号隔开。字体为 9 号宋体，字体颜色为 R0 G0 B0，行距 11 pt。

B.5.5　污染控制技术信息

标题加粗，段落部分行距 5.15 mm。具体内容见对应模板，型号和生产厂以"/"隔开，如该项目不适用或未配置填写"无"，IUPR/NO$_x$监测功能填写"符合"或"无"。字体为 9 号宋体，字体颜色为 R0 G0 B0，行距 11 pt。

B.5.6　制造商/进口企业信息

标题加粗，段落部分行距 5.15 mm。具体内容见对应模板，字体为 9 号宋体，字体颜色为 R0 G0 B0，行距 11 pt。

B.5.7　网站信息

字体为 9 号宋体，字体颜色为 R0 G0 B0，行距 11 pt。

B.5.8　企业盖章

可使用企业公章或专用章，可以使用电子章。

B.5.9　车辆生产日期/车辆进口日期

字体为 9 号宋体，字体颜色为 R0 G0 B0，行距 11 pt，国内生产企业打印"车辆生产日期"、国外进口企业打印"车辆进口日期"以及"××××年××月××日"字样。